畜禽养殖减抗
技术丛书
Chuqin Yangzhi Jiankang
Jishu Congshu

肉鸡养殖减抗
技术指南

Rouji Yangzhi Jiankang

Jishu Zhinan

国家动物健康与食品安全创新联盟　组编

曾振灵　主编

U0239204

中国农业出版社
北　京

图书在版编目（CIP）数据

肉鸡养殖减抗技术指南／国家动物健康与食品安全创新联盟组编；曾振灵主编 . —北京：中国农业出版社，2022.7

（畜禽养殖减抗技术丛书）

ISBN 978-7-109-29700-5

Ⅰ.①肉…　Ⅱ.①国…②曾…　Ⅲ.①肉鸡－饲养管理－指南　Ⅳ.①S831.4-62

中国版本图书馆 CIP 数据核字（2022）第 123217 号

中国农业出版社出版

地址：北京市朝阳区麦子店街 18 号楼

邮编：100125

责任编辑：刘　伟　　文字编辑：林珠英

版式设计：刘亚宁　　责任校对：刘丽香

印刷：中农印务有限公司

版次：2022 年 7 月第 1 版

印次：2022 年 7 月北京第 1 次印刷

发行：新华书店北京发行所

开本：880mm×1230mm　1/32

印张：7.75

字数：195 千字

定价：46.00 元

丛书编委会

本书编者名单

主　　编　曾振灵

副 主 编　李亚菲　梁先明

编　　者　王林川　左建军　冯定远　刘满清

　　　　　张细权　邓衔柏　李亚菲　翁亚彪

　　　　　贾伟新　梁先明　曹伟胜　曹　珍

　　　　　廖新俤　魏财文　曾振灵　李守军

　　　　　徐　雷　应小强　梁　宁　韦　田

　　　　　吴鹏飞　李定刚　陈继荣　张　璇

　　　　　郜京涛　林　磊

支持单位　北京家禽育种有限公司

　　　　　温氏食品集团股份有限公司

　　　　　天津瑞普生物技术股份有限公司

　　　　　保定冀中药业有限公司

　　　　　礼蓝（上海）动物保健有限公司

　　　　　艺康（中国）投资有限公司

总序 Preface

　　改革开放以来，我国畜禽养殖业取得了长足的进步与突出的成就，生猪、蛋鸡、肉鸡、水产养殖数量已位居全球第一，肉牛和奶牛养殖数量分别位居全球第二和第五，这些成就的取得离不开兽用抗菌药物的保驾护航。兽用抗菌药物在防治动物疾病、提高养殖效益中发挥着极其重要的作用。国内外生产实践表明，现代养殖业要保障动物健康，抗菌药物的合理使用必不可少。然而，兽用抗菌药物的过度使用，尤其是长期作为抗菌药物促生长剂的使用，会导致药物残留与细菌耐药性的产生，并通过食品与环境传播给人，严重威胁人类健康。因此，欧盟于 2006 年全面禁用饲料药物添加剂，我国也于 2020 年全面退出除中药外的所有促生长类药物饲料添加剂品种。特别是，2018 年以来，农业农村部推进实施兽用抗菌药使用减量化行动，2021 年 10 月印发了"十四五"时期行动方案促进养殖业绿色发展。目前，我国正处在由传统养殖业向现代养殖业转型的关键时期，抗菌药物促生长剂的退出将给现代养殖业的发展带来严峻挑战，主要表现在动物发病率上升、死亡率升高、治疗用药大幅增加、饲养成本上升、动物源性产品品质下降等。如何科学合理地减量使用抗菌药物，已经成为一个迫切需要解决的问题。

　　《畜禽养殖减抗技术丛书》的编写出版，正是适应我国现代养殖业发展和广大养殖户的需要，针对兽用抗菌药物减量使用后出现的问题，系统介绍了生猪、奶牛、蛋鸡、肉鸡、水禽等畜禽养殖减抗技术。畜禽减抗养殖是一项系统性工程，其核心不是单纯减少抗菌药物使用量或者不用任何抗菌药物，需要掌握几个原则：一是要按照国家兽药使用安全规定规范使用兽用抗菌药，严格执行兽用处方药制度和休药期制度，坚决杜绝使用违禁药物；二是树立科学审慎使用兽用抗菌药的理念，建立并实施科学合理用药管理制度；三是加强养殖环境、种苗选择和动物疫病防控管理，提高健康养殖水平；四是积极发展替抗技术、研发替抗产品，综合疾病防控和相关管理措施，逐步减少兽用抗菌药的使用量。

本套丛书具有鲜明的特点：一是顺应"十四五"规划要求，紧紧围绕实施乡村振兴战略和党中央、国务院关于农业绿色发展的总体要求，引领养殖业绿色产业发展。二是组织了实力雄厚的编写队伍，既有大专院校和科研院所的专家教授，也有养殖企业的技术骨干，他们长期在教学和畜禽养殖一线工作，具有扎实的专业理论知识和实践经验。三是内容丰富实用，以国内外畜禽养殖减抗新技术新方法为着力点，对促进我国养殖业生产方式的转变，加快构建现代养殖产业体系，推动产业转型升级，促进养殖业规模化、产业化发展具有重要意义。

本套丛书内容丰富，涵盖了畜禽养殖场的选址与建筑布局、生产设施与设备、饲养管理、环境卫生与控制、饲料使用、兽药使用、疫病防控等内容，适合养殖企业和相关技术人员培训、学习和参考使用。

中国工程院院士
中国农业大学动物医学院院长
国家动物健康与食品安全创新联盟理事长

前言 Foreword

抗菌药物的不合理使用会导致动物源细菌耐药性问题，以及生态环境污染等负面效应，给人类与动物的健康带来重要隐患。随着国内国际上"减抗、禁抗"呼声的日渐高涨，我国自2018年开展兽用抗菌药使用减量化行动试点工作，现阶段正稳步地推进减抗政策，并制定了《全国兽用抗菌药使用减量化行动方案（2021—2025年）》，养殖"减抗"已成为趋势。这些措施对促进我国畜牧业高质量发展，提高资源利用率，提升产业国际竞争力具有重要的现实意义。

肉鸡是我国畜禽产业的重要组成部分。改革开放以来，我国肉鸡产业发展迅速，已形成以白羽肉鸡、黄羽肉鸡两大主要品种为主的产业发展特点。目前，肉鸡养殖集约化、规模化、自动化程度不断提高，但是我国肉鸡的综合生产性能仍不具有较大优势，养殖生产中使用抗菌药总量仍然偏多。因此，禁止抗菌药物用于肉鸡的促生长和减少治疗用抗菌药物的使用，应从生产的各个环节综合调控，并形成有效衔接，系统集成各项"减抗"措施，维护肉鸡健康，最终达到兽用抗菌药使用减量化的目的。鉴于此，本书在内容上，分别从肉鸡养殖场建设、环境控制、种源管理、营养调控、疾病防控、精准用药、生物安全等方面，综合介绍了肉鸡产业"减抗"策略。

本书通俗易懂，可以作为养殖企业、养殖技术人员的工具书，以期为我国"减抗"背景下的肉鸡养殖提供技术指导。随着产业发展和科技进步，本书还需不断完善，有不足之处，恳请读者批评指正，以便日后修订完善。

目录 Contents

总序

前言

第一章
肉鸡减抗养殖场建筑与设计

第一节　养殖场选址与布局

一、养殖场选址

养殖场的选址要对土地属性、地理位置、水电供应、周边环境等因素进行全面考虑，最好选址在当地政府支持力度大、民风良好的区域。

1. 地形地质要求

（1）地表状况为背风向阳、高燥平坦，场区空气流通，无涡流现象；地下水位在 2 米以下，最近 50 年内没有发生洪水、塌陷或泥石流等严重地质灾害；避开地质条件差、导致地基处理成本高的区域。

（2）小区地块选择尽可能方正、平缓，有一定的坡度，最好为"前后"型（即平整后可利用宽度超过 120 米，深度最好超过 330 米）或"左右"型（即平整后可利用宽度超过 240 米，深度最好超过 200 米）。

2. 地理位置要求

（1）选址应结合畜牧业发展规划、符合当地土地利用发展规划和城乡建设发展规划的要求及项目本身特殊性等合理布局，并应符合国家现行有关环境保护、卫生防疫和安全防火等法律法规的规定。

（2）场址应选在交通方便的地区，充分利用当地已有的交通条件。

（3）场址必须有满足生产需求的水源和电源，并便于产品销售及粪污就地消纳等。

（4）场址应在地势高燥、平坦处，不占或少占耕地。在丘陵山地建场时，应尽量选择阳坡，坡度不宜超过20°。

（5）场址应具备工程建设要求的水文地质和工程地质条件，综合考虑当地气象和周边环境等。

（6）要求养殖场距离动物诊疗场所200米以上。

（7）要求养殖场距离水源地、动物养殖小区、动物屠宰加工厂、动物集贸市场、城镇居民区和文化教育科研等人口集中区域、公路与铁路等主要交通干线等均在500米以上。

（8）要求养殖场距离种禽场1 000米以上。

（9）要求养殖场距离动物隔离场、无害化处理场3 000米以上。

3. 禁止选址的区域

（1）生活饮用水的水源保护区、风景名胜保护区，以及自然保护区的核心区和缓冲区。

（2）城镇居民区、文化教育科学研究区、医疗区、商业区、工业区、游览区、集市等人口集中区域。

（3）国家或地方法律、法规规定的需要特殊保护的其他区域。

（4）县级人民政府依法划定的禁养区域。

（5）山洪、泥石流、滑坡、龙卷风等自然灾害的多发地带。

（6）基本农田和不可调整的公益林地。

4. 养殖场的土地面积及利用率要求

（1）出于防疫生产安全考虑，建议养殖场可利用面积控制在5公顷左右，如H型笼养可建设10栋鸡舍，单栋集约化鸡舍的面积不宜超过 1 500 米^2。

（2）若养殖场面积较大，那么地块必须按照每 10 栋鸡舍为一个单位建设小区，且同一地块上的小区必须完全独立管理，供水、供电和环保处理区可以共用，其他完全分开。

（3）尽可能提高土地的利用率，土方完成后要求场地利用率超过 70%。

二、养殖场布局

集约化肉鸡养殖场总体布局应严格按功能分区，即生活管理区、生产区和环保处理区。在进行总体布局时，应从人与动物安全的角度出发，生活管理区与生产区要求相互隔离，有隔离设施如冲凉房、消毒间等。根据生产工艺流程，建立最佳生产联系和卫生防疫条件，合理安排各区位置。

（一）养殖场功能分区

生活管理区布置在全场上风向和地势较高的地段；生产区应布置在生活管理区的下风向和较低处，保持 30～50 米距离，鸡舍距场区围墙距离宜为 10～20 米，鸡舍之间间隔要求不少于 8～10米；环保处理区（包括粪变、废水和肉鸡尸体处理区）应布置在场区的下风向或侧风向低地势区而且与生产区的间距宜大于50 米。

1. 生活管理区　包括门岗和厨师活动区。其中，包括入口消毒登记区、冲凉更衣室、办公接待室、车棚、宿舍、饭堂、药房、仓库、配电室、维修房等配套设施。

（1）整个场采取宿舍住宿和饭堂集中就餐的模式。住宿按人均面积（含卫生间及分摊面积）不超过 15 米^2 配置，饭堂按人均面积不超过 1.5 米² 配置，厨房配置面积按 10 栋鸡舍的小区不超过 10 米²。

（2）养殖场入口消毒登记区，需配置车辆和人员消毒通道、驾驶员更衣室和物品消毒间。所有进入小区的车辆、人员和物资均需进行严格淋浴、消毒，运雏车和饲料车驾驶员需要在小区入口处更衣换鞋和喷雾消毒后才能进入场。

（3）车辆消毒池建于小区大门处，为确保运输车辆能消毒彻底，其尺寸一般建议为长度不少于 15 米、宽度不少于 4 米，地面深度（可参考 15 厘米）、坡度等设计需达到进出车辆轮毂的消毒要求。考虑北方地区寒冷季节消毒池结冰的影响和消毒效果，北方地区可以适当缩短消毒池长度，车辆采用 360°喷淋消毒，人员通道采用喷雾消毒，物品消毒间采用熏蒸或喷雾消毒。

（4）仓库、药房等有物品中转的房间统一配备两道门，一道门面向生产区，一道门面向生活区，房间内安装紫外灯，配置消毒喷壶等消毒设备设施，对中转物品进行二次消毒。

2. 生产区

（1）生产区为饲养人员工作区，包括净道区、污道区、鸡舍等，生产区与生活区之间要通过围墙或栅栏进行有效隔开。

（2）生产区大门为生活区进入生产区的唯一车辆入口，更衣室为生活区进入生产区的唯一人员入口。

（3）进入生产区的更衣室，由外更衣室、淋浴室、内更衣室、雾化消毒通道四部分组成。外更衣室存放个人衣物，内更衣室存放消毒后工作服、帽子、口罩和水鞋等物品；内更衣室外为人员喷雾消毒通道；寒冷地区需做好更衣室的保温防寒工作，更衣室内温度不能低于 25℃，保暖内衣、吹风机等防寒用品配置齐全。

（4）各栋鸡舍独立管理，配置有单独操作间，入口处设置消毒池（盆）或消毒垫，所有入舍人员必须脚踏消毒。

3. 环保处理区

（1）环保处理区主要包括鸡粪处理区、养殖废水处理区和病死禽无害化处理区。

（2）环保处理区位于常年主导风向的下风向或侧风向处的地势较低位置，远离生产区、生活区及围墙外的环境敏感点。

（3）外来车辆严禁进入小区直接装运鸡粪，必须通过小区内专用车转运。鸡场粪污全部走污道，鸡粪原则上要求尽可能外运处理，需场内处理的建议采用分子膜发酵、密闭式反应器、临时堆粪棚等方式处理。

（4）养殖场应采取干法清粪工艺，清理出的粪便若不能及时出场或处理，必须贮存在防雨、防渗的棚内，同时注意做好臭气防护。

（5）养殖场的排水系统应实行彻底的雨污分流收集、输送系统，在场区内外设置废水收集输送系统，不得采用明沟布设。

（6）养殖废水应主要以资源化利用为主，做好源头减量措施，尽量降低废水产生量。废水经废水站处理达到环评要求后，可回用冲洗鸡舍或周边绿化灌溉等。

（7）死鸡和淘汰的病鸡，都是疾病传染的来源，每天都应及时清除和妥善处理。饲养员每天巡查，捡出鸡只，放到每栋舍门口前面的暂存桶。由专门人员到各栋收集，专车运输到病死鸡处理区，转运完毕后应立即进行消毒。

（8）病死鸡在场处理方法，可选用尸体降解机法、堆肥法或化尸窖法等。

（9）病死鸡无害化处理区要有良好的防水、防渗漏措施，并及时定期消毒，保持环境卫生。

（二）养殖场布局要求

鸡舍建筑布局应符合卫生要求和饲养工艺的要求，应具备良好的防鼠、防蚊蝇、防虫和防鸟设施。

场区标高不低于场外道路标高，鸡舍内地面标高要高于室外地面 20 厘米。

集约化养殖场的朝向宜采取南北向方位，以南北向偏东或偏西 10°～30°为宜。

围墙靠近场外来往主干道边时可视情况设置砖砌围墙，其他位置采用高速公路护栏围墙。为确保养殖场与周边邻地不出现纠纷，围墙与租地红线间要留有一定的距离，小区外道路确保要在红线内。

料塔位于两栋鸡舍之间的前端，靠近围墙，如采用前后型布局的，饲料运输道路布置在小区围墙外，由场外粉碎饲料。

锅炉房位于两栋鸡舍之间空地的中部。

在各类建筑物之间应保持一定的间距，以满足防火、防疫、排污和日照的要求。

场区净道与污道必须严格分开，避免交叉混用。

集约化养殖场道路宜采用混凝土地面，主干道宽 4～6 米，尤其污道需要过大车，如运输辅料、肥料的挂车，道路宽度必须为 6 米及以上，且需设置足够会车或转弯掉头的区域；其他一般道路宽宜为 3 米。

集约化养殖场绿化应与养殖场建设同步进行，绿化率不宜低于 30％，养殖场不宜种乔木类的高大植物。

三、饲养模式或工艺

集约化养殖场工艺设计应遵守单栋舍、小区或全场全进全出制。

白羽肉鸡场宜采用一阶段饲养工艺，地面垫料平养、网上平养或叠层笼养，机械供料，乳头式饮水线供水。其中，地面垫料或网上平养每个生产周期清粪 1 次，笼养一般为每天清粪 1 次。

黄羽肉鸡场宜采用二阶段饲养工艺，地面或双层平养、网上平养、笼养模式，机械供料，乳头式饮水线供水。其中，平养或网上饲养每个生产周期清粪 1～3 次，笼养一般为每天清粪 1 次。

第二节　养殖场饲料加工与贮存设施

一、养殖场饲料加工设施

为满足肉鸡养殖生产中饲料数量和品质的稳定供给，需要配备与养殖规模匹配的饲料加工设施。一般养殖场为保证饲料的新鲜度，单班每批饲料产能需要满足存栏肉鸡 3～7 天的用量。

（一）饲料生产模式

1. 规模化饲料厂集中生产　适用于大型和超大型集团企业，集中进行饲料生产，再通过运输工具分发饲料至养殖场饲用。

2. 商品饲料厂定制　适用于中、小型养殖企业，独立投资建设饲料厂不经济，可与附近饲料厂签订定制合同，获得目标饲料。

3. 自主生产　适用于中、小型养殖企业，一般避免复杂，设施和饲料配方相对简单、易操作。

（二）饲料生产工艺

肉鸡配合饲料典型生产工艺如图 1.1 所示。

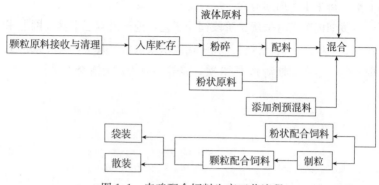

图 1.1 肉鸡配合饲料生产工艺流程

（三）饲料加工设备

1. 原料接收设备

（1）散装原料的陆路接收设备 主要包括卸料口、卸料口除大杂栅栏等（图 1.2）。

图 1.2 散装原料的陆路接收设备示例

（2）散装原料的水路接收设备 主要包括抓斗或气力输送设备、箱式运输车、卸料口、卸料口除大杂栅栏等（图 1.3）。

2. 原料清理设备 饲料厂常用的清理方法有筛选法、磁选

图 1.3 散装原料的水路接收设备示例

法，清理流程主要有计量、筛选、磁选等工序组成。原料清理的
设备分两类，一类是清除各种非金属杂质的，如圆筒初清筛；另
一类是清除金属杂质的，如除铁永磁筒、永磁滚筒、磁选箱、磁
排等（图 1.4）。

A   B

图 1.4 原料清理设备示例
A. 圆筒初清筛 B. 除铁永磁筒

3. 贮存设备 常用的贮存设备包括立筒仓、袋装饲料储仓等
（图 1.5）。

4. 粉碎设备 粉碎机是整个饲料加工机组主要的能耗设备，
用于破碎颗粒饲料至一定的小颗粒（图 1.6）。

A 　　　　　　　　　　　　　　　　B

图 1.5 　原料贮存设备示例

A. 立筒仓　B. 袋装饲料储仓

A 　　　　　　　　　　　　　　　　B

图 1.6 　粉碎机示例

A. 粉碎机外部　B. 粉碎机内部

5. 配料设备　配料是按照预设的饲料配方要求，采用特定的配料计量系统，对不同品种的饲用原料进行投料及称量的工艺过程。饲料配料设备系统主要包括配料秤、配料仓、给料器等（图 1.7）。

6. 混合设备　混合是将两种或两种以上的饲料组分拌合在一起，使之达到特定的均匀度的过程。混合机是整个饲料加工机组的核心。混合的核

图 1.7 　配料系统示例

心设备是混合机，常用混合机包括分批卧式螺带混合机（单轴、双轴）、卧式双轴桨叶混合机、V型混合机（制作预混料）等（图1.8）。

图1.8　混合设备示例

A. 卧式混合机　B. V型混合机

7. 制粒设备　制粒是利用机械挤压作用，将粉状配合饲料挤压而成粒状饲料的过程。制粒设备主要包括调质器、制粒机等（图1.9）。

图1.9　制粒设备示例

A. 调质器　B. 制粒机

（四）饲料包装与贮存设施

1. 配合饲料包装与设备　饲料包装包括袋装和散装等主要形式。袋装饲料是中小企业控制设备投入、便于操作的主要形式；散装饲料是自动化养殖企业常用的形式。散装通常需要配备散装饲料运输车（图1.10）。

A　　　　　　　　　　　　　B

图1.10　配合饲料包装与运输示例
A. 肉鸡浓缩饲料包装袋　B. 散装饲料运输车

2. 配合饲料贮存设施　配合饲料贮存设施主要包括房式仓贮、料仓暂贮（图1.11）。

A　　　　　　　　　　　　　B

图1.11　肉鸡配合饲料贮存设施示例
A. 房式仓贮　B. 料仓暂贮

（五）饲料饲用设施

目前，主要饲喂模式有人工饲喂和自动料线饲喂（图 1.12）。人工饲喂采用料槽人工投喂或料筒投喂；自动料线饲喂基于机械自动化，需要相应的设备或自动料线。

图 1.12　饲料饲用设施示例
A. 人工饲喂设施　B. 自动料线

第三节　鸡粪运输与鸡粪处理区选址

肉鸡养殖场的粪污处理厂，必须遵循国家有关法律、法规，执行国家现行的资源利用、环境保护、安全与消防等有关规定，并应遵循"减量化、无害化、资源化、生态化"的原则进行建设。应结合肉鸡养殖场的现状和周边环境条件，根据肉鸡粪污量统筹规划，做到近远期结合，以近期为主，兼顾远期发展。肉鸡养殖废弃物的处理应采用成熟可靠的技术，积极选用新工艺、新材料和新设备。

根据生产规模和污染防治要求，建设相应的雨污分流、废弃物贮存和处理设施；建设项目中防止污染的配套设施应保证"三同时"，即与主体工程同时设计、同时施工、同时投产使用。未按环评要求建设污染防治设施，或配套设施不能满足环评要求的生产单位不得投入生产或者使用。

一、鸡粪的收集与运输

1. 地面/网床平养

（1）地面平养、双层平养、网床平养饲养模式的鸡粪清理，一般是人工或人工配合机械清粪为主。

（2）当天出鸡结束后，清扫鸡舍内外地面鸡粪、鸡毛等，并装包，最好当天装车外运。若不能及时外运，则堆放在鸡舍一侧，要求装包鸡粪做到防雨、防渗。

（3）清粪车、清粪雇佣工人进入饲养场时，尤其清粪车的车轮及车体实施严格的清洗消毒；有污道的场，清粪车必须由污道进出。

（4）清粪期间，如果垫料鸡粪干燥，为防止尘土飞扬，先进行鸡舍洒水增湿，同时防止鸡粪洒落到鸡舍外环境中，鸡场应安排员工进行监督。

（5）鸡粪装车后，要使用篷布盖严，防止鸡粪洒落在饲养场内。对于因封闭不严而出现鸡粪洒落的情况，应追究购方责任。

（6）整个清粪过程应在3～4天内完成。

2. 笼养模式 H型笼或A型笼鸡舍鸡粪为日产日清，传送带清粪，场内配置专门鸡粪运输车，用于接收各栋舍的鸡粪运输到中转区或鸡粪处理区域。

（1）传送带的宽度根据A型笼或H型笼宽度设计，以鸡粪及料渣能够全部掉落其中为准。

（2）履带清出鸡粪直接进场内接粪车，不在舍外设粪便暂存池。

（3）每天清粪前，检查横向输送带表面是否做好密封处理。检查无问题，先开启横向粪带，调整纵向清粪带松紧度，开启粪带电机观察粪带运转是否走偏，通过调节胶辊两端螺栓，使其平行，保证粪带传输鸡粪正常。

（4）粪便的收集、运输过程中应采取防遗洒、防渗漏等措施。粪便运输车应行走固定通道（即污道），运输过程中粪便不可撒落。

二、鸡粪处理区及处理方法

鸡粪处理区应距离功能地表水体 400 米以上，采取地面硬化、防雨、防渗漏、防径流和雨污分流等措施。

（一）鸡粪直接或临时贮存后外运处理

鸡粪直接外运或临时贮存后外运的方式，主要适用于平养、网养模式的肉鸡场，也适用于周边有大型有机肥厂或农场的高效笼养肉鸡场。对于高效肉鸡养殖场而言，鸡粪能及时外运出场委托外面处理最好。场内仅设鸡粪暂时中转区即可。

（1）鸡粪中转区要求防雨、防渗、防臭，防止粪便污染地下水。

（2）鸡粪临时中转区应处于生产区下风向，还需考虑方便运输车的装卸需求，要求临时中转区大小最低按每万只鸡 33 米^3 进行配套。建议场内暂存鸡粪时间＜3 天，否则会存在臭气、蝇虫风险。

（3）鸡粪直接外运或临时贮存后外运，需签订粪污外运处理合同，并防止鸡粪在转、接、运过程中撒落，同时必须做好防臭措施。

（二）场内鸡粪好氧发酵工艺处理

场内采用好氧发酵工艺处理鸡粪，主要是针对高效 H 型笼或 A 型笼养殖模式的肉鸡场。场内处理鸡粪工艺的选择，需根据场区内外环境、土地情况、建设成本、运行成本、操作简易程度等因素综合考虑。

鸡场内鸡粪的处理，宜用密闭式反应器、分子膜等好氧堆肥工艺进行无害化处理。粪便处理设施可自建自营或委托具有相应资质单位运营（自建他营、他建他营），委托运营应签订粪污处理合同。

1. 密闭式堆肥反应器 集收集、存贮和肥料化处理于一体，具有发酵周期短、效率高、气体可集中收集、气味小、出料效果好、不受气候影响及占地面积小的优点。但是首次投资较大，日常运行过程中需严格控制进、出料。适用于无充足空余土地的规模化鸡场。该鸡粪处理模式可自营，也可外包他人运营。

（1）反应器的选址要求 在远居民区、养殖场生产区、生活管理区的常年主导下风向或侧风向处建设，与主要生产设施之间保持 100 米以上的距离。

（2）反应器数量的确定 根据目前高效肉鸡场鸡粪含水率情况及反应器的使用经验，每个反应器的日最大处理含水率 70%～75% 的鲜鸡粪为 10 米^3，即每存栏 10 万羽肉鸡需要配套 1 个反应器，如此推算。

（3）反应器相配套设施基础建设，参照厂家提供的图纸进行建设。

（4）反应器需配套一定面积的防雨棚，主要包括反应器顶棚、辅料堆放区、搅拌区、出料堆放区四部分。建设面积参照每个反应器配套建设 500 米^2 防雨棚。防雨棚四周用帐幕或透明板遮雨，地面用混凝土硬化。防雨棚周边必须做好排水渠，杜绝外来水源进入。

（5）反应器的启动　初次使用时需用发酵好的物料制作"垫床"。根据厂家要求添加一定量菌种＋辅料（透气、吸水性辅料配合使用）＋鸡粪。用铲车拌匀并使物料含水率为55％～65％，在防雨棚内堆积发酵，要求堆体温度升至55℃以上至少5天，堆积发酵直至物料含水率降为40％左右时，分日逐渐装入反应器中作为"垫床"（一般约2.6米深）。

（6）反应器内以中层温度大于60℃、下层温度为40℃左右为宜；之后，可每天投加适量鲜粪入反应器，并根据进料量确定每天出料量。

（7）日进料控制　必须严格控制进罐物料水分＜75％，切忌一次加入过量鲜粪，否则易导致反应器"死床"，要重新调试。

（8）出料控制　要"量入为出"。一般情况下，可根据前一天进料体积数的1/3进行出料。同时，还要控制出料速度和方式，防止罐体内物料在垂直面发生塌陷，导致上层物料过早下陷到下一层。若反应器底层温度大于50℃，说明发酵时间不够，需适度减少出料量或暂停出料。

（9）设备维护　根据厂家要求定期对反应器中的风机、液压系统、轴心油管等设备进行维护，如补加机油、黄油等。

（10）日常做好上粪、出料、所用辅料、电费等运行参数的记录，要求现场操作记录存档大于2年。

2. 分子膜好氧发酵　一种改良的静态堆肥技术。物料好氧发酵过程完全在分子膜中进行，为物料提供的条件与密闭式容（反应）器相似，其堆肥效果优于静态堆肥，尤其大分子恶臭类气体控制效果优于容（反应）器，因此，它是综合性价比非常高的一种工艺。

（1）分子膜堆肥为全进全出静态好氧发酵方式。其操作流程为鲜鸡粪与辅料按比例混合后，运至发酵槽中堆好，覆上分子膜后，利用风机曝气，发酵周期一般为 20～25 天，发酵完成后出料。

（2）对于位于种植区的高效肉鸡养殖场，最好选用分子膜堆肥处理鸡粪。主要考虑该粪便处理方式使臭气对周边的影响最小，而且投资也是最低。但该模式辅料用量大、出肥多，需预留足够的土地，建议采用第三方运行。

（3）分子膜堆肥所需场地较大，建议按照每万只鸡所需占地 150 米^{2}设计。其中，混料区臭味稍大，若周边臭气较敏感，建议混料区采用密闭式厂房，其他区域可采用半敞开式厂房。

（4）分子膜堆肥初始进膜物料水分控制是膜堆肥成功与否的关键，要求粪便透气性、吸水性辅料同时配合使用，调节鸡粪含水率 ＜60％。

（5）膜堆肥成功与否可通过监测膜内物料中、下层的温度来判断。一般情况下，进膜的第 2～3 天物料底层温度可升至 50℃ 以上，中层温度保持在 55～65℃，持续时间不少于 7 天。

（6）鉴于鸡粪含水率及黏度高的特性，要求进膜物料必须配合辅料搅拌使用，为减少辅料用量，要求所购辅料水分越少越好。待第一批进膜物料发酵出料时的含水率为 45％时，为节省辅料成本，可用该出料代替 50％的辅料使用。

（7）一般情况下，不加菌种，只要进膜物料水分调节合适，物料同样能升温。若考虑降低臭气和加快升温，可添加一定量的菌剂产品。

（8）曝气风机一般为长开，若安装变频器，也可考虑白天调至最大 60 赫，晚上温度降低可适当调小，如调为 40 赫，目的是减少曝气时散失膜内物料发酵的热量。

（9）鉴于分子膜对于水汽散失仍具有一定阻力，一般情况下，膜内物料发酵 20～25 天时，出料时水分介于 45％～50％。该出料需继续堆放腐熟，使含水率进一步降低，故必须配套足够的出料堆放间，堆放间要求防雨防渗，地面硬底化，能走大型装载车等。若堆放腐熟车间面积有限，应提前联系好出料厂家及时运走，避免物料在车间内积压进而影响到粪便处理的正常运行。

（10）记录每天鸡粪、辅料、进出料量及其含水率、不同时间发酵温度、电表等数据参数，要求现场操作记录档案大于 2 年。

三、养殖废水处理区及处理方法

养殖场需根据环评要求，建设废水处理设施处理养殖废水。处理后废水应按照排污许可证的要求排放污染物，未取得排污许可证的，不得排放污染物。处理后的废水也应坚持种养结合的原则，充分还田，实现废水资源化利用。

（一）废水资源化利用

针对周边配套农田、山地、果林或茶园充足的小区，可采用资源化利用模式处理废水。一般而言，平养、双层平养、网养的肉鸡场可采用该方式处理养殖废水。

（1）肉鸡养殖场与还田利用的土地之间应建立有效的废水输送网络，通过车载或管道形式将处理后的废水输送至农田，日常加强管理，严格控制废水运送沿途废水的弃、撒、跑、冒、滴、漏。

（2）肉鸡养殖场废水排入土地前必须进行预处理，并应配套相应设施储存，以解决农田在非施肥期间的废水出路和存储问题。田间贮存池的总容积，不得低于当地农林作物生产用肥的最大间隔时间内肉鸡养殖场排放废水的总量。

（3）肉鸡养殖场内也要建设足够的废水储存池，储存池大小可参照每单批出栏 60 只肉鸡≥0.3 米^{3}建设，可用黑膜或混凝土硬化防渗处理。同时，四周挖排雨沟或加高储存池围墙，防止雨水进入。

（4）养殖废水在消纳土地上施肥作业时，应严格控制单位面积土地的废水消纳量，不能超负荷施肥，防止废水溢流或下渗，造成环境污染。

（5）日常做好日产水量、资源化利用水量等数据的记录，要求现场操作记录档案大于 2 年。

（二）达标排放模式

对于周边没有充足土地消纳废水的肉鸡养殖场，尤其是大型高效 H 型笼或 A 型笼养肉鸡场，养殖密度大，冲洗水浓度高且水量大，该养殖废水要采用废水深度净化处理达标的排放模式。其中，净化处理设施应根据养殖种类、养殖规模、清粪方式和当地的自然地理条件，选择合理、适用的废水净化处理工艺和路线，尽可能用自然生物处理法，达到回用水标准或环评允许的排放标准。

（1）养殖废水　包括 H 型笼或 A 型笼冲洗水、水线冲洗水、出鸡车为肉鸡降温的喷淋水、生活管理区的生活废水等。要求冲洗鸡舍必须使用高压水枪，找专业队冲洗，尽量源头降低单栋舍的冲洗废水量。

（2）推荐废水处理工艺　结合肉鸡场冲洗废水量及废水浓度的数据，推荐所用废水处理工艺流程如下：废水→格栅＋斜筛网废水池→水解酸化调节池→厌氧池→缺氧池→好氧池→二沉池→混凝絮凝池→终沉池→清水池→达标排放或资源化利用。具体各场的废水处理工艺，可根据鸡场排放许可标准进行适当的工艺调整（图1.13）。

（3）日处理水量设计　鸡场废水处理工程设计水量，应根据实际产生的废水水量确定。对于 H 型笼高效肉鸡养殖场的废水处理系统日处理水量，可按照存栏每 50 万羽肉鸡的日设计水量为100 米^3。

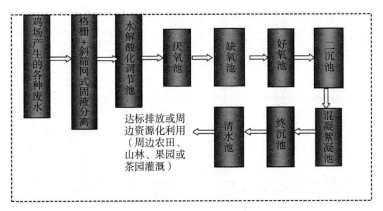

图1.13　达标排放模式工艺流程

（4）排放标准　有排污许可的养殖废水处理后的出水水质应达到鸡场的环评批复和排污许可要求。对于未注明排放或零排放的养殖场，出水水质也应达到《畜禽养殖业污染物排放标准》（GB 18596—2001）或《农田灌溉水质标准》（GB 5084—2021）的要求。具体处理后废水排放限值如表1.1和表1.2所示，处理后的废水消毒后在场内回用或在场内安装喷灌设施喷灌消纳。

表1.1　畜禽养殖场（小区）水污染物排放
浓度限值及单位产品基准排水量

控制项目	《畜禽养殖业污染物排放标准》（GB 18596—2001）
五日生化需氧量（毫克/升）	150
化学需氧量（毫克/升）	400
悬浮物（毫克/升）	200
氨氮（毫克/升）	80
总磷（毫克/升）	8.0
粪大肠菌群数（个/升）	10 000
蛔虫卵（个/升）	2

表 1.2 农田灌溉用水水质基本控制项目标准值

序号	项目类别		作物种类		
			水田作物	旱地作物	蔬菜
1	pH			$5.5 \sim 8.5$	
2	水温（℃）	≤		35	
3	悬浮物（毫克/升）	≤	80	100	60^a, 15^b
4	五日生化需氧量（BOD_5）（毫克/升）	≤	60	100	40^a, 15^b
5	化学需氧量（COD_{Cr}）（毫克/升）	≤	150	200	100^a, 60^b
6	阴离子表面活性剂（毫克/升）	≤	5	8	5
7	氯化物（以 Cl^- 计）（毫克/升）	≤		350	
8	硫化物（以 S^{2-} 计）	≤		1	
9	全盐量（毫克/升）	≤		1 000（非盐碱土地区）， 2 000（盐碱土地区）	
10	总铅（毫克/升）	≤		0.2	
11	总镉（毫克/升）	≤		0.01	
12	铬（毫克/升）	≤		0.1	
13	总汞（毫克/升）	≤		0.001	
14	总砷（毫克/升）	≤	0.05	0.1	0.05
15	粪大肠菌群数（MPN/升）	≤	40 000	40 000	$20\,000^a$, $10\,000^b$
16	蛔虫卵数（个/升）	≤		2	2^a, 1^b

注：[a] 加工、烹调及去皮蔬菜。
    [b] 生食类蔬菜、瓜类和草本水果。

（5）生物氧化塘管理 场内有鱼塘、生物氧化塘的，要求其水质以达到可饲养四大家鱼为准。废水处理系统出水口，所在鱼塘必须达到环评的批复标准。禁止鸡粪、病死鸡、死胚等废弃物进入鱼塘，禁止未经处理的废水直接进入鱼塘。生物氧化塘内的水生植物腐败前应及时进行清理，避免水生植物腐败后污染池水。

（6）肉鸡养殖场有排污许可证，允许达标排污的，其排放口应设置国家环境保护总局统一规定的排污口标志。

（7）养殖废水经处理后的水质应定期进行检测，确保达标排放。

（8）无排污许可，零排放的鸡场，养殖废水经系统净化处理后达到回用水标准的，要求回用前先消毒处理，提倡采用非氯化的消毒措施，注意防止产生二次污染。回用不完的处理后废水应在场内设喷灌设施，用于浇灌场内绿色植物。

（9）记录每天处理水量、电费、加药费用及水质参数等指标，要求现场操作记录存档大于 2 年。

四、养殖臭气的防治与处理

肉鸡养殖过程及其废弃物处理产生的臭气排放，需遵守并达到《恶臭污染物排放标准》（GB 14554—1993）中的要求。因此，必须对场内各恶臭产生源进行有效预防和处理。首先应源头降臭，如通过均衡饲料营养摄取、饲喂低蛋白饲料、添加微生态和酶制剂等，减少鸡排放的臭气及其粪便产生的臭气；再配合鸡舍养殖过程中的除臭措施、末端风机和粪污处理区域的臭气处理，才能有效降低整个养殖场臭气对周边环境的影响。对于养殖臭气的防控措施，重点是建立绿化隔离带、有效防控鸡舍风机末端臭气、做好粪污处理区臭气的处理。

（一）建立场内绿化隔离带

通过科学选址建场、合理布局养殖场各功能区、注重场内卫生管理，如定期清扫保持场内及周边环境卫生，做到粪污及时清走或进入粪污处理设施净化处理，防止蚊蝇孳生。

必须注重养殖场的绿化，在养殖场周围应栽种高大阔叶的树木，建立隔离绿化带。该隔离绿化带植物叶片的特殊结构，可以通过停着、吸附、黏附的方式滞尘，能吸收部分 NH_3 和 H_2S 等臭气，提供氧气；绿化带植物还可以降低风速、降低颗粒物的污染，防止养殖场的臭气外溢，对肉鸡养殖舍和粪污处理区排放出的臭气，尤其是颗粒物进行有效拦截控制。

（二）鸡舍风机末端的臭气处理

鸡舍内的臭气主要来自鸡只及其产生的粪便，其臭气浓度与舍内粉尘、气溶胶相关。所以，保持舍内地面清洁、干燥，及时清理舍内粪便，防止粪便发酵，是降低舍内臭气的主要措施。

虽然风机末端的除尘间对于舍内臭气有一定去除和作用，但除尘间并不能减少舍内臭气向外的排放，因此，鸡舍风机末端的臭气处理必须结合鸡舍内的除臭措施。

鸡舍内均配有高压喷雾系统，高压喷雾具有杀菌、消毒、降温、降尘和气溶胶作用。因此，利用该高压喷雾设施定期在舍内喷洒酸制剂、益生菌剂等除臭杀菌抑菌类产品，可杀灭或抑制有害菌，同时与舍内臭气结合又能起到除臭作用，进而降低风机出风的臭气浓度。

若鸡舍风机口离村庄较近，产生的气味对周边环境存在影响，需要在风机口出风端安装除尘间。除尘间正对风机咄风端及风机两侧均可用挡板或尼龙网密封，但要求顶端要用不小于 1 厘米的钢丝网，保证风机抽出的气体在除尘间短暂停留降尘后由顶部排出。监测数据显示，该除尘间外的 PM10 相比除尘间内可降低 83％，在除尘间外，闻不到明显臭味，说明除尘间起到降尘除臭作用，确实能有效防止臭气进一步扩散。

小规模鸡舍风机外端遮阳网设置距离为 3～5 米，高效笼养鸡舍风机外端遮阳网或挡板（顶部透气）设置距离为 8～10 米。考虑除尘间的粉尘较多，不建议在除尘间进行喷雾，日常需定期打扫，尤其注意顶部出风口必须保证日常通气，否则会影响鸡舍的通风量和排气效果。

（三）粪污处理区的臭气处理

鸡粪运到场外处理时，场内只需设置临时鸡粪中转棚。该鸡粪临时中转区的臭气预防：尽可能加快堆粪棚的周转率，提升棚内粪便的清理频率，防止棚内大量鸡粪堆积产生臭气。确实不能清出场外时，要购买一定辅料覆盖在鸡粪表层，遮挡臭气或定期喷洒菌种除臭，但不能翻动。对于鸡粪产生的渗滤液，可用垫料或石灰进行吸收或覆盖，同时，需定期对棚面进行打扫或冲洗，保持周边环境整洁。

鸡粪在场内处理时，鉴于目前粪便处理技术的优缺点，尤其是臭气控制方面，用膜堆肥技术、密闭式堆肥反应器处理鸡粪具有一定优势。

膜堆肥技术的臭气影响：物料发酵过程产生的大部分臭气都控制在膜内，只在一次发酵完成后掀膜时会有些氨气味，但该氨气浓度对周边的影响并不大。监测数据显示，距离膜堆肥周边200米外，其臭气浓度能达到《恶臭污染物排放标准》（GB 14554—1993）中的厂界要求。

密闭式堆肥反应器的臭气影响：目前，每个罐都配有喷淋塔，单罐排气量小，约为2 000米³/时，臭气易于收集。但近居民区其高空排放的臭气可能会有一定影响，可添加除臭剂类产品，降低臭气影响。

若采用以上措施后仍有臭气，那么该粪污处理区需密闭建设，并配套相应除臭设备。若除臭设备为高空排放，则排放口的臭气需达到《恶臭污染物排放标准》（GB 14554—1993）中的有组织臭气排放标准。

第四节　养殖场进场消毒设施

由于肉鸡生长速度快，抗病力普遍较差，长期以来存在不合理使用抗菌药物的现象。在当前饲养规模大、养殖密集、减抗替抗的形势下，加强肉鸡养殖场进场消毒，严防疫病进场显得尤为重要。养殖场应相对独立，避免人员、动物、车辆和物品受外界环境的影响，鸡场应设置场外和场内两套隔离消毒系统。

场外设施要求：场外包括办公区、一级二级人员隔离区、物资和车辆洗消点；大门口应设置值班室、更衣消毒室、物资和全车洗消间；鸡场外围应设置缓冲过渡区；鸡场道路和栋舍地面应硬化，以便清洗消毒；办公生活区与生产区应有实心围墙分开，以防外来人员、鼠和野生动物进入；进出生产区应有专用通道；两区之间应有更衣间、淋浴间和消毒间；生产区内应区分净区和污区。

场内设施要求：大门管理设施应设置人员、车辆和物品登记消毒间，消毒间分净区、污区，可用多层镂空架子放置物品。场内应配备专用车辆和车辆洗消设施；养殖场应配备本场专用运送车（场外、场内分设）、饲料运送车（场外、场内分设）、病死鸡/鸡粪运输车等；养殖场应设置固定的、独立密闭的车辆清洗消毒区域；场内围墙边应有完善的饲料存放设施（料塔），以便料车从场外输入场内；料房应相对密闭，具备防鼠、消毒功能。例如，房屋围墙安装防鼠铁皮，窗户安装纱窗，门口配备水鞋、防护服、洗手和脚踏消毒盆等。

一、鸡场外消毒设施

（一）场外洗消隔离点

场外洗消隔离点的功能：逐步杀灭可能经由人、车或物资带入鸡场的病原。

一级洗消隔离点对车的处理：去除污物（如粪便、羽毛等），以清洗为主，主要针对脏的空载拉鸡车。

二级洗消隔离点：有条件的养鸡公司，最好能建设成集场外人员办公生活、厨房饭厅（设 A/B 窗，或在人员道路不交叉的情况下由场外供应）、入场人员隔离室、网络监控室（A、B 门）、进出鸡中转站、车辆洗消间以及物资消毒于一体的洗消中心。

人员隔离区：入场人员在此完成脏区到净区的过渡；隔离区包括入区更衣间、洗浴间、更衣间、住房、培训室和出区更衣间。

车辆洗消烘：不接受脏车。司机在此沐浴更衣；车辆在此彻底清洗、消毒、烘干，其建设应包括司机洗浴间、更衣间和休息间，以及车辆高压冲洗间、消毒间和烘干间（图 1.14）。

A   B

图 1.14　车辆洗消烘
A. 洗消设施　B. 车辆清洗消毒

进出鸡中转站：确保鸡只单向流动，不返流，不交叉。可建设成暂留、称量、销售和中转于一体的中转站。

物资消毒间：所有入场物资在此完成第一次检测和消毒。

三级洗消隔离点对人的处理：入场人员在此进行进一步的沐浴更衣。

对车的处理：以消毒棚消毒为主，兼顾烘干。

（二）场外中转站

在远离鸡场的地方设置中转出鸡间（台）时，人员和内外部车辆出现间接接触的风险较高，必须设计合理、完善清洗消毒设施，避免内外部车辆和人员直/间接接触而传播病原。确保鸡只单向流动，不返流，不交叉。可建设成暂留、称量、销售和中转于一体的中转站。可在场外独立建设，也可并入二级洗消隔离点。分别建立相互独立、不交叉淘汰鸡和商品鸡的出鸡系统。

二、场内消毒设施

按照夏季主风向，生活管理区应置于生产区和饲料加工区的上风口，兽医室、隔离舍和无害化处理场所处于下风口和场区最低处。各功能单位之间相对独立，避免人员、物品交叉。

（一）围墙、门房及进场洗消间

鸡场四周设围墙，围墙外深挖防疫沟，设置防猫狗、防鸟、防鼠、防野生动物等装置，只留大门口、出鸡台、粪污间等与外界连通。例如，在养殖场围墙外 2.5～5 米以及栋舍外 3～5 米，可铺设尖锐的碎石子（2～3 厘米宽）隔离带，防止鼠等接近；或实体围墙底部安装 1 米高的光滑铁皮用作挡鼠板，挡鼠板与围墙压紧无缝隙。

门房值班室：配备值班室、人员洗消间（包括外更衣间、洗浴间、内更衣间）、物资消毒间（A、B门确保单向流动）（图1.15）。

图1.15　门房值班室
A. 外部　B. 内部

车辆洗消（四级消毒）点：主要针对必须进生活区的车辆消毒，不接受未经洗消车辆。车辆在此进行进一步的清洗、消毒、烘干（必要时），其建设主要为消毒棚。

鸡场围墙边上分设淘汰鸡、商品鸡专用出鸡间（台）。出鸡间（台）连接外部车辆的一侧，应向下具有一定坡度，防止粪污向场内方向回流。出鸡间（台）及附近区域、运鸡通道应硬化，方便冲洗、消毒，做好防鼠、防雨水倒流工作。如安装挡鼠板，出鸡间（台）坡底部设置排水沟等。

（二）生产区门口消毒设施

进出生产区只留唯一的专用通道，包括更衣间、淋浴间和消毒间。更衣间和淋浴间需做好物理隔断，区分净区、污区。

在生产区门口设置物品消毒间。消毒间分净区、污区，可用多层镂空架子放置物品。

（三）饲料存放设施

料房应相对密闭，具备防鼠、消毒功能。

有条件的，可在生产区设立料塔，场内专用饲料车从料塔将饲料运输到生产区料塔内，也可用料线输送。

（四）监控设备

生产区应安装监控设备，覆盖栋舍及栏舍周边等场所，实现无死角、全覆盖，监控视频至少储存 1 个月。

第五节　病死鸡无害化处理设施

处理病死鸡，是避免污染环境、防止与其他家禽交叉感染、防止损害周边人员利益的方式。死鸡的处理应符合《病死及病害动物无害化处理技术规范》（农医发〔2017〕25 号）的要求。病死鸡严禁随意丢弃、严禁出售或喂鱼，可委托第三方处理，但需签订死鸡处理合同，并严格遵守《病死及病害动物无害化处理技术规范》中关于收集、运输的要求。

一、病死鸡处理区域安全管理要求

病死鸡无害化处理区，应位于场区常年主风向或最大风频的下风向。应与养殖区、办公生活区及其他人员活动密集区保持一定的间距，并设物理隔离屏障。

病死鸡无害化处理区周围应明确标出危险区域范围，设置安全隔离带等设施，有条件时实行双锁管理，平时处于锁住状态，避免无关人员靠近。

病死鸡无害化处理池周边，应设置"闲人勿进""危险！请勿靠近"等醒目的警告标识。

专职人员在病死鸡的收集、处理、场地消毒过程中，应穿戴工作服、口罩、雨靴、塑胶手套、防护目镜等防护用品，防护用品应每天浸泡消毒1次。

专职人员每天按要求，对所管理的病死鸡无害化处理设施当日处理死鸡数和体重如实进行记录，记录的档案保存不少于2年。

养殖场病死鸡无害化处理设施，其处理能力和处理效率应与生产规模相匹配。病死鸡的无害化处理方式，可采用尸体降解机法、堆肥法和化尸窖法等。小型肉鸡养殖场日死亡鸡数少，可用化尸窖法或堆肥法处理；而高效的笼养肉鸡养殖场，推荐采用与处理死鸡数相配套的尸体降解法。

二、病死鸡处理方法

1. 尸体降解法

（1）合理选址建设防雨、防渗的房间放置尸体降解机，必要时进行封闭除臭，严禁无关人员进入。严格按照尸体降解机生产厂家的指导进行运行管理，做好相关的生产记录。

（2）尸体降解机应安排专人管理，并经过培训后才能上岗操作。

（3）病死鸡送入尸体降解机中，单次处理不得超过容器总承受力的4/5。

（4）处理物中心温度≥120℃，处理时间≥30分钟（具体处理时间随需处理动物尸体及相关动物产品或破碎产物种类和体积大小而设定）。

（5）高温高压处理24小时，出料不得随意丢弃，可装包外卖或运到鸡粪处理区域加工后生产肥料。

(6) 每次处理结束后，需对墙面、地面及其相关工具进行彻底清洗消毒。

(7) 尸体处理机一般都配备专门的废气处理系统，对尸体降解产生的废气进行处理后方可排放。

2. 化尸窖法

(1) 化尸窖应建造于地势较高、鸡舍下风口并远离鸡舍的位置，需做防渗防漏处理。

(2) 窖体可采用水泥预制件材料，一般深 2～3 米、直径 1 米，顶部突出地面 20～30 厘米，死鸡投放口需加盖加锁。

(3) 化尸窖需设立明显的标志。投放前应在化尸窖底部铺撒一定量的生石灰或消毒液，每当死鸡铺满一层时，就在上面撒一层生石灰或者消毒液。

(4) 每次投放完死鸡后，需把投放口盖严并锁住，防止进水和臭味散出，从而影响发酵效果。窖中不能投入塑料袋等杂物，窖周围需经常铺撒生石灰，对周边环境进行消毒。

(5) 尸体达到化尸窖容积的 3/4 时，应停止使用并密封。

(6) 当封闭化尸窖内的死鸡完全分解后，应当对残留物进行清理，清理出残留物进行深埋处理。化尸窖经过彻底消毒后方可重新启用。

3. 堆肥法

(1) 场内建有槽式发酵池、条垛式发酵池、异位发酵池等设施时，可预留 1 条槽用于专门处理病死鸡；若没有，则需新建 1 个防雨、防渗发酵棚，用于处理病死鸡。关于棚面积的大小，需要根据日处理死鸡数、所需辅料量、处理周期（一般为 21～30 天）而定。

(2) 具体操作方法是，在发酵池底铺设 20 厘米厚的辅料（辅料采用 3∶2 的糠＋谷壳，并按 100 克/米³ 添加专用尸体降解菌种）。在辅料上平铺死鸡尸体，厚度≤20 厘米，喷洒厂家指定量的菌剂产品；再覆盖 20 厘米辅料，确保死鸡尸体全部被覆盖。一般 3～5 天温度升至 50℃，说明堆肥法发酵正常。

（3）堆体高度随需处理尸体的数量而定，一般控制在 1.5～2.5 米。堆肥发酵过程中堆体内部温度≥54℃，1 周后翻堆 1 次。直至 3 周后，基本能完成该批次病死鸡尸体的降解。

第二章
肉鸡减抗养殖场环境控制

第一节　鸡舍内环境控制

一、平养肉鸡环境控制

1. 温度控制管理操作规程

（1）时间　每天进舍都要检查。

（2）操作人员　技术员、场长。

（3）所需物品　笔、记录本、红外线温度枪、风速仪、二级标准温度计。

（4）操作方法　根据肉鸡不同的生长阶段，施以最佳温度，避免温度骤变。

①进鸡后 2 小时，由技术员进舍观察鸡群分布，温度是否适宜，鸡群舒适程度，确保鸡只舒适。

②用红外测温仪测定垫料温度，必须保证垫料温度达到 32℃以上。

③整个饲养期的环境参考温度如表 2.1。测量位置：鸡背上 1～2 厘米处。

表 2.1　饲养期的环境参考温度

日龄	目标温度（℃）
24 小时前	34.5

（续）

日龄	目标温度（℃）
1	34.0
4	31.0
7	30.0
14	28.5
21	26.5
28	24.5
35	22.0
39	20.5

④观察雏鸡的表现，观察鸡群方法如下：

a. 鸡太热时就会出现张口喘气、翅膀下垂。

b. 鸡太冷会扎堆、鸣叫。

c. 温度适宜，鸡只会均匀地分布，表现出各式各样的行为（吃料、喝水、休息和嬉戏）。

⑤冬季，要保证鸡舍的温差在时间和空间上都控制在±0.5℃范围内。

⑥控制器实际温度，要维持在目标温度的±0.5℃范围内。

⑦横向、纵向温差小于0.5℃，各栏温差目标0.5℃左右，夏季纵向温差小于2℃。

2. 湿度控制管理操作规程

（1）时间　每天进舍都要检查。

（2）操作人员　技术员、场长。

（3）所需物品　笔、记录本、风速仪。

（4）操作方法

①进鸡舍内测量（分前、中、后），查看控制器显示和控制器历史记录。

②湿度要求见表2.2。

表 2.2　饲养期的环境参考湿度

日　龄	目标相对湿度（%）
1～7	70
8～21	65～70
22～35	60～65
35 天后	55～60

3. 环境控制（通风与空气质量）操作规程

（1）时间　每天。

（2）操作人员　技术员、场长。

（3）所需物品　笔、记录本、二氧化碳测定仪、氨气测定仪。

（4）操作方法

①每天由场长和技术员巡查鸡舍，通过观察现场灰尘状况、测量二氧化碳浓度和氨气浓度，来判定空气质量。

②每批进鸡前 3 天，由饲养管理技术人员制订通风方案，参数由场长输入控制器内。

通风标准见表 2.3 和表 2.4。

表 2.3　最低通风标准参考

外界温度（℃）	最低通风设置
低于−20	10 升/分钟
−20～0	11 升/分钟
高于 0	13 升/分钟

表 2.4　最高通风标准参考

外界温度（℃）	最高通风设置
低于 0	17 升/分钟
0～10	28 升/分钟
10～20	42 升/分钟
20～25	57 升/分钟

③鸡舍保证正常的负压范围，进风口的大小和排风扇开启数量要对应好。防止负压不足造成冷风下落，又要防止负压过大影响排风效率。

④使用水帘，要完全使用自动控制。

⑤在纵向进风口和风门外侧做防护网防鸟。

⑥每批鸡由技术员测量鸡舍风门和纵向进风口（夏季）处的风速。

⑦每周由养殖场设备人员负责检查1次鸡舍内的排风扇的运转情况，发现问题及时解决，保证风扇效率。

⑧按照要求，对鸡舍进行消毒工作。

⑨每天按照程序清理鸡舍内的灰尘，减少料线、料箱、水线、墙壁上的灰尘。

⑩最小通风、过渡通风、纵向通风及其配套进风系统能自动转换。

⑪控制鸡舍温差范围，使用横向通风时不超过目标温度±0.5℃，使用过渡和纵向通风时不超过目标温度7℃。

⑫通风要求，冬季避免冷风吹到鸡身上，防止贼风。

⑬夏季防止鸡群产生热应激，通过纵向通风，提高舍内风速，进行降温。

⑭鸡舍内环境要通过自动控制来实现，按照饲养方案设定好自动控制系统后，未经允许不能擅自调整。

⑮密切关注外界天气情况，制订好应急预案。当遇到极端天气后，根据预案及现场情况做出调整。

⑯良好的空气质量标准见表2.5。不同日龄风速要求见表2.6。

表 2.5　空气质量标准

项目	标准值
氧气	>19.6%
二氧化碳	<4 000 毫克/升

（续）

项目	标准值
一氧化碳	＜10 毫克/升
氨气	＜25 毫克/升
相对湿度	50％～65％
可吸入性灰尘	＜3.4 毫克/米³

表 2.6　不同日龄的风速要求

日　龄	风速（米/秒）
0～14	＜0.2
15～21	≤0.5
22～28	≤1.0
29 至出栏	没有限制

注：14 日龄后要考虑体感温度，不可以凭人的感觉进行通风。

二、笼养肉鸡环境控制

1. 进雏前准备工作

（1）密封工作　鸡舍预温前做好各项保温密封工作，具体包括检查水帘挡板、大排风机、屋顶出风筒、屋顶进风筒、地沟、前门、后门及关闭风门。

（2）设备调试　对供暖系统、通风系统、降温系统进行调试，保证饲养期间设备能正常运转，温度、湿度探头进行校对，恢复设备初始状态。

（3）鸡舍预温　提前 24 小时对鸡舍进行预温，使舍内温度达到 34℃，垫网温度达 32℃。舍内湿度达到 55％～65％。

2. 鸡舍管理　环境温度、湿度、空气质量、风速、通风量参考值详见表 2.7、表 2.8、表 2.9、表 2.10、表 2.11、表 2.12。

表 2.7　鸡舍环境温度参考值

日　龄	目标温度（℃）
−1	34.5
0	34
3	31.5
7	29.5
14	28
21	26
28	24
35	21
38	20

表 2.8　鸡舍环境湿度参考值

日　龄	目标相对湿度（%）
−1	60
0	65
3	63
7	60
14	55
21	50
28	50
35	50
38	50

表 2.9　良好的空气质量标准

项目	标准值
氧气	>19.6%
二氧化碳	<0.3%（3 000 毫克/升）
一氧化碳	<10 毫克/升
氨气	<10 毫克/升

（续）

项目	标准值
相对湿度	50%～65%
可吸入性灰尘	<3.4 毫克/米³

表 2.10　不同日龄下的风速要求

日　龄	风速（米/秒）
0～14	<0.2
15～21	≤0.51
22～28	≤1.02
29 至出栏	没有限制

表 2.11　最小通风量参考值

室外温度（℃）	最小通风量（米³/千克）
—20	0.3
—10	0.35
0	0.4
5	0.5
高于 10	0.5

表 2.12　最大通风量参考值

室外温度（℃）	最大通风量（米³/千克）
—5	0.8
0	1
10	2
15	3
20	4
25	6
高于 30	风速降温

第二节　舍内有害气体控制

鸡舍内的有害气体源自舍内的灰尘以及肉鸡、排泄物、垫料、剩余饲料等物质，主要有硫化氢、氨气、吲哚、一氧化碳、二氧化碳、粪臭味、粉尘、病原微生物等。其中，对鸡只毒性最强的是硫化氢（H_2S），危害最大的是氨气（NH_3）。

关于鸡舍内环境质量的要求，在《畜禽场环境质量标准》（NY/T 388—1999）中有规定。其中，对鸡舍内影响空气质量的主要有害气体成分规定了最高日均值，详见表 2.13。

表 2.13　鸡舍内影响空气质量的有害气体成分最高日均值

项目	缓冲区	场区	禽舍	
			雏鸡	成鸡
氨气(毫克/米³)	2	5	10	15
硫化氢(毫克/米³)	1	2	2	10
二氧化碳(毫克/米³)	380	750	1 500	
可吸入颗粒(标准状态)(毫克/米³)	0.5	1	4	
总悬浮颗粒物(标准状态)(毫克/米³)	1	2	8	
恶臭(稀释倍数)	40	50	70	

实际生产中，以不影响鸡的生产性能为依据，不同饲养模式其舍内有害气体控制的种类也不同。其中，平养、双层平养、网养鸡舍的粪便是每批肉鸡清理 1～3 次，故粪便与垫料发酵产生的氨气、硫化氢的浓度较高；高效笼养鸡舍的鸡粪为日产日清，而且高效鸡舍因鸡只密度高，其配套的通风等设备也相比较好，故相比而言，

按照生产要求通风的高效笼养舍的有害气体浓度，基本能达到有害气体的控制要求。

1. 平养、网养模式

（1）该饲养模式下，主要的有害气体是氨气和硫化氢，是由地面或网床下的垫料和粪便产生的。而降低舍内有害气体的最好办法是通风、换垫料，也可用一些辅助措施降低氨气对鸡群的影响。

（2）通常以鸡舍内鸡背高度的氨气浓度来判定，常用快速氨气测定仪测定（根据使用频率需定期更换氨气探头）。其中，不同氨气浓度对鸡的负面影响可参考林巧（2017）的报道，详见表2.14。

表2.14　不同氨气浓度对鸡的损伤情况

损伤程度	氨气浓度（毫克/米^3）
标准	<10
人类能够感觉	>5
纤毛停止运动/呼吸道损伤	20
体重/饲料转化降低	60
降低生产性能/肌肉品质/损伤眼睛/日均采食量/体重	90

（3）定期用0.3%过氧乙酸溶液带鸡喷雾消毒，会显著地降低棚舍内空气中NH_3和尘埃浓度，同时杀死部分病原微生物。也可采用在舍内不同位置悬挂乙酸等酸制剂，或在垫料中添加益生菌、过磷酸钙、硫黄等物质，降低氨气等有害气体对鸡只的影响。

（4）一般情况下，鸡舍中无一氧化碳产生，只有当冬季鸡舍用煤加热保温时，才有可能产生大量的一氧化碳。鸡舍内一氧化碳浓度要求不超过0.8毫克/米^3。当舍内空气一氧化碳含量达0.1%～0.2%时，即可引起中毒死亡。所以，冬季烧煤炉保温的鸡舍必须定时通风，降低舍内一氧化碳的浓度。

（5）平养、网养鸡舍因饲养密度不高，一级舍内二氧化碳浓度<0.3%，故日常对于舍内二氧化碳的浓度不做特别关注。

2. 笼养模式

（1）高效笼养鸡舍采用履带清粪，正常情况下日产日清，考虑产粪量、履带承重力、清粪效率，雏鸡一般为 3 天清粪 1 次，中、大鸡阶段为每天清粪 1 次。

（2）高效鸡舍均为环控舍，配套了足够的通风设施，为纵向通风。鸡舍环境控制就是利用通风，将各种有害气体（如氨气、硫化氢、一氧化碳和粉尘）和多余的空气湿度等排出鸡舍，把鸡舍外的新鲜空气引进来更新鸡舍内空气。

（3）育雏期间根据外界温度和鸡群日龄，灵活使用最小通风模式和过渡通风模式通风，目的是保证二氧化碳<0.3%（实测不同生长阶段鸡舍内二氧化碳浓度分别为：雏鸡<0.4%、种鸡<0.2%、大鸡<0.1%），氨气<10 毫克/米^3（实测鸡舍内氨气始终低于 20 毫克/米^3），硫化氢<2 毫克/米^3。

（4）高效笼养鸡舍因饲养密度大，舍内微生物气溶胶浓度比平养/网养舍高。微生物气溶胶是鸡群排泄粪便过程产生的，也是衡量舍内环境质量的重要指标。其中，气载细菌和气载真菌是构成微生物气溶胶的主要成分。气载细菌和病毒气溶胶的空气传播，是引起鸡群呼吸道疾病的重要途径。气溶胶浓度与通风设施、通风时间、消毒模式、粪便清理方式、舍内清洁程度等因素有关。因此，舍内粪便的及时清理及清理的清洁程度、舍内通风条件和消毒模式等，是保证环境质量的根本措施。

（5）舍内高压喷雾设施，不仅利于鸡舍内消毒免疫工作，还可有效去除舍内粉尘颗粒和有害气体、气溶胶，而且喷雾也可以作为降温的辅助措施。因此，为了改善舍内环境质量（臭气、粉尘和气溶胶），定时喷洒益生菌剂等产品，是非常有用且必要的措施。但日常喷雾频率设定，需要根据水帘风机和舍内湿度等进行优化和调整。

（6）鸡舍内细菌气溶胶受纵向通风的作用，在鸡舍上层和鸡舍靠风机端的浓度会升高，因此，日常需加强和重点对鸡舍的上层和靠风机后端位置进行消毒防疫。

（7）夏季湿帘降温系统的循环水易造成空气微生物的富集，导致通过湿帘降温系统进入舍内的空气微生物浓度升高，因此，需定期对湿帘降温系统的循环水进行消毒处理。

（8）高效笼养鸡舍的保温，一般采用空调控温、水暖、天然气供暖等方式保温，故舍内不存在一氧化碳中毒现象。

第三章
肉鸡减抗繁殖管理

第一节　肉鸡的育种和扩繁体系

一、现代肉鸡育种和扩繁体系

（一）肉鸡配套系

肉鸡配套系（就是现代的鸡种）是在标准品种（或地方品种）的基础上，采用现代育种方法培育出来的，具有特定商业代号的高产鸡群。配套系与品种是两个不同的概念，品种是经验育种阶段的产物，强调品种特征；而配套系则是现代育种的结晶，是对标准品种（地方鸡种）的继承和发展。

配套系具有如下特征：①突出的生产性能，如肉鸡生长最快达到 2 千克体重只需要 28 天；②特有的商品命名，如 AA 肉鸡、科宝（Cobb）鸡等。

（二）育种和扩繁体系

肉鸡的育种和扩繁体系（有时简称为繁育体系，图 3.1）是将纯系选育、配合力测定及种鸡扩繁等环节有机结合起来形成的一套体系。这个体系根据参与杂交配套的纯系数目分为两系杂交、三系杂交和四系杂交等，以三系和四系杂交最为普遍。

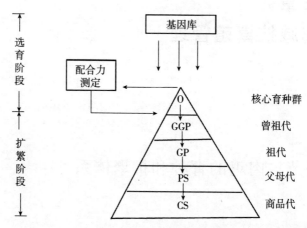

图 3.1　现代鸡种的繁育体系

1. 两系杂交　这是最简单的杂交配套模式（图 3.2）。这种方式的优点是，从纯系到商品代的距离短，因而遗传进展传递快；不足之处是，不能在父母代利用杂种优势来提高繁殖性能，而且扩繁层次少，供种量少。

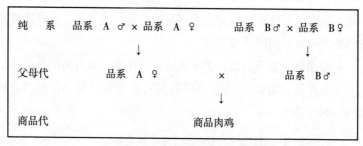

图 3.2　两系杂交繁育体系

2. 三系杂交　这种形式从本质上讲是最普遍的（图 3.3）。三系配套时父母代母本是二元杂种，其繁殖性能可获得一定的杂种优势；再与父系杂交，仍可在商品代上产生杂种优势。因此，对提高商品代生产性能最有利。

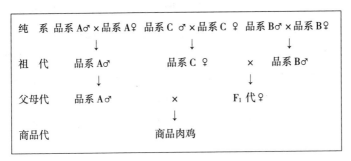

图 3.3　三系杂交繁育体系

3. 四系杂交　商品肉鸡生产中的四系杂交繁育体系是仿照玉米自交系双杂交的模式建立的（图 3.4）。从肉鸡的育种实践看，四系杂种的生产性能没有明显超过两系和三系杂种，但按四系配套有利于控制种源，保证供种的连续性。

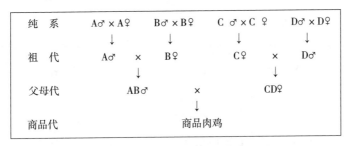

图 3.4　四系杂交繁育体系

二、育种体系

肉鸡育种体系是整个繁育体系（图 3.1）的塔尖部分，以育种场为核心，包括基因库与资源场、育种场、性能测定中心等。基因库与资源场主要收集、整理、评价和保存遗传资源。育种场则开展各种生产性能的遗传改良，提高其效率，并开展配合力测定工作，配合力的测定常常放在性能测定场进行。性能测定，包括种鸡性能测定和肉鸡性能测定。多个国家（包括我国）在国家层面专门设立性能测定中心，对各育种公司培育的新品种种鸡（通常只是父母代）和肉鸡生产性能展开测定。高等院校、研究院所等教学科研单位在遗传改良的理论和方法建立上发挥着重要作用，随着产学研体系的建立与逐步完善，这些单位也成为育种体系的重要一环。

改革开放以来，我国肉鸡育种体系建设取得了巨大成就。特别是 2015 年以来执行肉鸡国家遗传改良计划，已经建设形成了一批国家核心育种场（表 3.1）引领的完善育种体系。

表 3.1　国家肉鸡核心育种场

核心育种场名单	所在省份
佛山市高明区新广农牧有限公司	广东省
佛山市南海种禽有限公司	广东省
广东金种农牧科技股份有限公司	广东省
广东温氏南方家禽育种有限公司	广东省
广州市江丰实业股份有限公司福和种鸡场	广东省
台山市科朗现代农业有限公司	广东省
广东省墟岗黄家禽种业集团有限公司	广东省
广东省天农食品集团股份有限公司	广东省
广西金陵农牧集团有限公司	广西壮族自治区
广西鸿光农牧有限公司	广西壮族自治区
海南罗牛山文昌鸡育种有限公司	海南省
河南三高农牧股份有限公司	河南省
江苏兴牧农业科技有限公司	江苏省
江苏省家禽科学研究所科技创新中心	江苏省

核心育种场名单	所在省份
四川大恒家禽育种有限公司	四川省
眉山温氏家禽育种有限公司	四川省
浙江光大农业科技有限公司	浙江省

三、扩繁体系

扩繁体系是整个繁育体系（图 3.1）的塔基部分，包含曾祖代场、祖代场、父母代场和肉鸡场等层次。曾祖代场通常在一个庞大的、需要生产大规模肉鸡的繁育体系中才有必要设置，曾祖代场常常就是核心育种群的扩繁群，也可能是较为复杂的配套体系中的单一性别种群饲养场。祖代场的功能是生产父母代，父母代场生产提供商品代肉鸡雏。我国已经建立起一批扩繁基地（表 3.2）。

扩繁体系中，管理的重要环节是种鸡繁殖性能的提高。关键技术包括光照制度、人工授精技术及其相关的精液稀释等配套技术、孵化技术、控料限料技术、强制换羽技术等。

表 3.2　国家肉鸡良种扩繁推广基地

基地名称	所在省份
福建圣农发展股份有限公司	福建省
佛山市南海种禽有限公司	广东省
广东温氏南方家禽育种有限公司	广东省
广州市江丰实业股份有限公司	广东省
台山市科朗现代农业有限公司	广东省
广东省墟岗黄家禽种业集团有限公司	广东省

（续）

基地名称	所在省份
广东省天农食品集团股份有限公司	广东省
隆安凤鸣农牧有限公司	广西壮族自治区
广西鸿光农牧有限公司	广西壮族自治区
海南罗牛山文昌鸡育种有限公司	海南省
河北飞龙家禽育种有限公司	河北省
湖南湘佳牧业股份有限公司	湖南省
江苏立华牧业有限公司	江苏省
江苏京海禽业集团有限公司	江苏省
山东益生种畜禽股份有限公司	山东省
玉溪新广家禽有限公司	云南省

第二节　肉鸡品种

一、鸡的品种分类

　　家鸡的祖先是原鸡属中的红色原鸡。红色原鸡分布于印度东部、北部，泰国南部，缅甸和印度尼西亚的苏门答腊岛，以及我国的云南、广西、广东与海南。红色原鸡栖息在丛林中，体小善飞，体重仅 800 克左右，肉质较粗，年产蛋数仅 10～15 个。在人类长期驯养、选择与培育的情况下，由于饲养管理条件不断改善和自然环境的改善，原鸡逐步地发展出许多对人类有利的特点，形成了众多的家鸡品种。这些对人类有利的特点主要有：①生长迅速，体重增大，肉用价值高；②失掉了飞翔能力，便于饲养管理；③改变了在野生条件下特定繁殖季节内的产蛋习性，改为常年产蛋，大大提高了产蛋性能；④减弱或失去就巢性，利于产蛋性能的提高。

鸡的品种形成不仅与自然生态条件和饲养管理条件密切相关，而且随人类的需要与当时的社会经济条件及科学文化的发展而变化。在人类社会中，鸡主要作为肉用与蛋用两种食用用途，其次还作为娱乐和观赏用。

20世纪50年代以前，按国际上公认的标准品种分类法，鸡分为类、型、品种和品变种。类即按鸡的原产地，分为亚洲类、美洲类、地中海类和英国类等，每类之中又细分为品种和品变种；型是根据鸡的用途，分为蛋用型、肉用型、兼用型和观赏型；品种是指通过育种而形成的一个有一定数量的群体，它们具有特殊的外形和一般基本相同的生产性能，并且遗传性稳定，适应性也相似，品种群体还具有一定的结构，即由若干各具特点的类群构成；品变种有时也叫亚品种、变种或内种，是在一个品种内，按照羽毛颜色或者羽毛斑纹或者冠形分为不同的品变种。

20世纪50年代以后，商业育种兴起。原来的品种、品变种或者亚品种不再直接用于商品肉鸡生产，代之以配套系的形式用于商品代肉鸡生产。

二、肉鸡品种

肉鸡品种分速生型（快大）肉鸡和黄羽肉鸡等类型。前者主要是引进的几个鸡种，如 AA 肉鸡、艾维茵肉鸡、Cobb 鸡等；后者包括近年来陆续开发形成产业化生产的地方品种，如清远麻鸡、杏花鸡、文昌鸡等，以及商业种禽公司培育的鸡种，如新广快大铁脚麻鸡配套系和天露黑鸡配套系等。

（一）速生型肉鸡品种

速生型肉鸡品种包括 AA 肉鸡、艾维茵肉鸡、科宝 500 等。

1. AA 肉鸡　爱拔益加肉鸡简称 AA 肉鸡。该品种由美国爱拔益加家禽育种公司（现为安伟杰育种公司）育成，四系配套杂交，白羽。特点是体型大，生长发育快，饲料转化率高，适应性强。因其育成历史较长，肉用性能优良，为我国速生型肉鸡生产的主要鸡种。祖代父本分为常规型和多肉型（胸肉率高），均为快羽，生产的父母代雏鸡翻肛鉴别雌雄。祖代母本分为常规型和羽毛鉴别型，常规型父系为快羽、母系为慢羽，生产的父母代雏鸡可通过快慢羽鉴别雌雄；羽毛鉴别型父系为慢羽、母系为快羽，生产的父母代雏鸡需翻肛鉴别雌雄，其母本与父本快羽公鸡配套杂交后，商品代雏鸡可通过快慢羽鉴别雌雄。羽毛白色、单冠。我国自 1980 年开始引进，目前全国已建有 10 多个祖代和父母代种鸡场，是白羽肉鸡中饲养数量较多的品种之一。父母代生产性能，全群平均成活率 90% 以上，入舍母鸡 66 周龄平均产蛋 193 个，种蛋合格率 95.8%，孵化率 80% 以上。商品代生产性能，36 日龄公母混养平均体重 1 770 克，成活率 97.0%，料重比为 1.56∶1；42 日龄平均体重 2 360 克，成活率 96.5%，料重比为 1.73∶1，胸肉产肉率 16.1%；49 日龄平均体重 2 940 克，成活率 95.8%，料重比为 1.90∶1，胸肉产肉率 16.8%。AA 肉鸡适宜于全国绝大部分地区的集约化养鸡场、规模鸡场、专业户和养鸡农户饲养，可作分割肉或经"烧、烤、炸"等加工后销售。

2. 艾维茵肉鸡　原产美国，1987 年引入我国。该鸡是目前世界上最优秀的肉食鸡品种之一，具有生长快、出肉率高、耗料少、抗病力强等特点。该品种鸡外观羽毛白色，生长发育快，从雏鸡到成鸡仅需 7 周左右，对球虫病、大肠杆菌病、慢性呼吸道病、腹水病等有较强抵抗力。目前，全国大部分省（自治区、直辖市）均建有祖代或父母代种鸡场，是白羽肉鸡中饲养较多的品种之一。祖代生产性能，入舍母鸡平均产蛋率母系 60%、父系 52%，累计产蛋数母系 163 个、父系 138 个，种蛋合格率为 91%。平均孵化率母系为 82%、父系为 77%。41 周龄产蛋期母鸡成活率母系 90%、父系 85%。父母代生产性能，入舍母鸡产蛋 5% 时成活率在 95% 以上，产蛋期死淘率为 8%～10%。高峰期产蛋率 86.9%。41 周龄产蛋 187 个。种蛋合格率 94.6%，孵化率 91% 以上。商品代生产性能，成活率 97% 以上，49 日龄平均体重 2 615 克，料重比为 1.89∶1。艾维茵肉鸡适宜于全国绝大部分地区的集约化养鸡场、规模鸡场、专业户和养鸡农户饲养，适宜于作分割肉，或经"烧、烤、炸"等加工后销售。

3. 科宝 500（Cobb 500） 美国泰森食品国际家禽分割公司培育的白羽肉鸡品种。在欧洲、中东及远东的一些地区均有饲养。1993 年年初，广州穗屏企业有限公司从化种鸡场首次引进科宝父母代种鸡，在多年的品种推广中，普遍反映该品种鸡生长快，饲料报酬高，适应性与抗病力较强，全期成活率。科宝 500 配套系是一个已有多年历史的较为成熟的配套系。体型大，胸深背阔，全身白羽，鸡头大小适中，单冠直立，冠髯鲜红，虹彩橙黄，脚高而粗。早在 10 多年前，就曾在丹麦、日本等地进行过测定。如在1992 年的一项测定结果中，该鸡的父母代种鸡在 67 周龄时的产蛋数就达到 168.7 个，其中，种蛋为 155.7 个，平均孵化率为75.7%，每只种母鸡可产商品代雏 117.88 只。

品种特性：商品代生长快，均匀度好，肌肉丰满，肉质鲜美。据目前测定，40～45 日龄上市，体重达 2 000 克以上，全期成活率95.2%；屠宰率高，45 日龄公母鸡平均半净膛屠宰率 85.05%，全净膛率为 79.38%，胸腿肌率 31.57%。父母代 24 周龄开产，体重

2 700 克，30～32 周龄达到产蛋高峰，产蛋率 86～87%，66 周龄产蛋量 175 个，全期受精率 87%。

（二）黄羽肉鸡品种

1. 地方品种　作为地方品种，开发利用得较好的黄羽肉鸡在我国南方地区市场广阔，如清远麻鸡、杏花鸡、惠阳胡须鸡、广西三黄鸡、江西宁都黄鸡、海南文昌鸡等。

（1）清远麻鸡　原产地为广东省清远市清城区。清远麻鸡形成历史悠久，自宋代就为清远人民广为饲养，历千年不衰。清远麻鸡的特征可概括为"一楔、二细、三麻身"：一楔指母鸡体形呈楔形，前躯紧凑，后躯圆大；二细指头细、脚细；三麻身指母鸡背羽有麻黄、褐麻、棕麻三种颜色。喙呈黄色。单冠直立，冠齿 5～6 个，呈红色。肉髯呈红色。虹彩呈橙黄色。胫、皮肤均呈黄色。生长性能见表 3.3。开产日龄 154 天，种蛋受精率 95%，受精蛋孵化率 94%；入舍母鸡产蛋数 105 个；开产蛋重 30 克，平均蛋重 42 克。

表 3.3　清远麻鸡各周龄体重

周龄	2	4	6	8	10	12	13
公鸡（克）	86	270	420	760	1 002	1 200	1 470
母鸡（克）	85	255	380	620	840	1 020	1 105

（2）杏花鸡　原产地为广东省封开县杏花乡。杏花鸡体质结实，结构匀称，被毛紧凑，前躯窄、后躯宽，体形似"沙田柚"。其外貌特征可概括为"两细"（头细、脚细）、"三黄"（羽黄、脚黄、喙黄）、"三短"（颈短、体躯短、脚短）。单冠直立，冠、耳叶、肉髯均呈红色。虹彩呈橙黄色。生长性能见表 3.4。平均开产日龄 150 天，300 日龄产蛋量（62±7）个；开产蛋重 35 克，平均

蛋重 45 克。平均种蛋受精率 90.8％。就巢性强。

表 3.4　杏花鸡各周龄体重

周龄	2	4	6	8	10	12	13
公鸡（克）	111	233	368	498	704	932	1 050
母鸡（克）	101	205	327	468	661	823	910

（3）惠阳胡须鸡　原产地为广东东江和西枝江中下游沿岸的惠阳、博罗、紫金、龙门和惠东等县。体型中等，胸深背宽，胸肌发达，后躯丰满，体躯呈葫芦瓜形。喙粗短，呈黄色。单冠直立，冠齿 6～8 个，呈红色。耳叶呈红色。虹彩呈橙黄色。颌下有发达的胡须状髯羽，无肉垂或仅有一些痕迹。胫、皮肤均呈黄色。生长性能见表 3.5。开产日龄为 154 日龄，种蛋受精率 87.4％，受精蛋孵化率 91.3％；入舍母鸡产蛋量 84 个；开产蛋重 29 克，平均蛋重 35 克。惠阳胡须鸡有就巢性，就巢母鸡比例 10％～20％。

表 3.5　惠阳胡须鸡各周龄体重

周龄	初生重	2	4	6	8	10	12
公鸡（克）	23.6	100	230	410	600	855	865
母鸡（克）	23	90	200	350	500	620	640

（4）广西三黄鸡　原产于广西桂平麻垌与江口、平南大安、岑溪糯垌、贺州信都等地，分布范围极广。广西三黄鸡体躯短小、体态丰满。喙黄色，有的前端为肉色渐向基部成栗色。单冠直立，冠齿 5～8 个，呈红色。耳叶呈红色。虹彩呈橘黄色。皮肤、胫呈黄色或者白色。公鸡羽毛呈绛红色，颈羽色泽比体羽稍浅，翼羽带黑边，主尾羽与镰羽黑色。母鸡羽毛黄色，主翼羽和副翼羽带黑边或者呈黑色，少数个体颈羽有黑色斑点或镶黑边。雏鸡绒毛呈淡黄色。广西三黄鸡生长性能见表 3.6。广西三黄鸡平均 105 日龄开

产，62周龄饲养日产蛋数135个，300日龄平均蛋重43克。种蛋受精率90％～94％，受精蛋孵化率88％～92％。母鸡有就巢性，就巢率约20％。广西三黄鸡肉质细嫩，味道鲜美，皮薄骨细，肉味浓郁，非常适合制作白切鸡。近20年来，广西三黄鸡得到了很好的开发利用。

表3.6　广西三黄鸡各周龄体重

周龄	2	4	6	8	10	12	13
公鸡（克）	111	243	397	598	868	1 158	1 275
母鸡（克）	101	210	333	492	693	876	957

（5）文昌鸡　原产地为海南省文昌市。在海南省各地均有分布，近年来周边的广东、广西等地也有引进。文昌鸡体型紧凑、匀称，呈楔形。羽色有黄、白、黑色和芦花等。头小，喙短而弯曲，呈淡黄色或浅灰色。单冠直立，冠齿6～8个。冠、肉髯呈红色。耳叶以红色居多，少数呈白色。虹彩呈橘黄色。皮肤呈白色或浅黄色。胫呈黄色。公鸡羽毛呈枣红色，颈部有金黄色环状羽毛带，主、副翼羽呈枣红色或暗绿色，尾羽呈黑色，并带有黑绿色光泽。母鸡羽毛多呈黄褐色，部分个体背部呈浅麻花，胸部羽毛呈白色，翼羽有黑色斑纹。少数鸡颈部有环状黑斑羽带。雏鸡绒毛颜色较杂，其中，以浅黄色居多，少数头部或者背部带有青黑色条纹。文昌鸡生长期不同阶段体重见表3.7。文昌鸡平均120～126日龄开产，500日龄产蛋数120～150个。种蛋受精率94.2％，受精蛋孵化率94.9％。平养条件下母鸡就巢性较强，但笼养条件下就巢性仅约2.3％。文昌鸡觅食能力强，耐粗饲，耐热，早熟，且肉质鲜嫩，肉香浓郁。屠体皮肤薄，毛孔细，肌内脂肪含量高，皮下脂肪含量适中。尽管文昌鸡也存在不少缺点，但近年来应用广泛。

表 3.7　文昌鸡各周龄体重

周龄	初生重	4	6	8	10	12	13
公鸡（克）	28.8	283	449	696	962	1 145	1 224
母鸡（克）	28.8	256	387	576	729	876	983

2. 培育的配套系　我国自 20 世纪 90 年代实行品种审定制度以来，通过国家审定的黄羽肉鸡培育品种（配套系）已有 50 多个。下面简要介绍一些推广应用较为广泛的配套系。

（1）新广快大铁脚麻鸡配套系　该配套系是佛山市高明区新广农牧发展有限公司以云南省种鸡场引进的狄高鸡、广西民间选育的快大铁脚麻鸡、该公司自行培育的矮脚鸡以及从以色列引进的隐性白羽鸡为育种素材，培育而成的快大型优质麻羽肉鸡配套系。该配套系为三系配套，其父母代母鸡是矮小体型，为快羽鸡。成年母鸡体态匀称，体形短圆，头部清秀，性情温驯，羽毛紧凑，胸腿肌发达，绝大多数为麻羽，少部分为浅麻羽，尾羽、主翼羽和副主翼羽为麻黑色，单冠直立，冠、肉垂、耳叶鲜红色，喙、胫为黑色，皮肤为白色。23 周平均开产体重 1 700 克，胫长 5.1～5.7 厘米，胫围 4.6～4.9 厘米。父母代母鸡开产日龄 154 天。29 周达产蛋高峰，68 周入舍母鸡产蛋数 175～180 个。蛋壳颜色为浅褐色，蛋重 55～60 克，种蛋合格率 96％以上，受精率 95％以上，入孵蛋孵化率 90％以上，全期蛋料比（个∶千克）为 1∶0.235，产蛋期蛋料比（个∶千克）为 1∶0.19。父母代公鸡为快羽品系，成年公鸡体型硕大，身体健壮，羽毛为红褐色，紧凑发亮，胸深背宽，脚高胫粗，胸腿肌发达，尾羽、主翼羽和副主翼羽麻黑色，单冠直立，冠、耳垂、耳叶鲜红色，喙、胫为黑色，皮肤为白色。24 周体重达 4 200 克以上，胫长 8.6～9.2 厘米，胫围 6.1～6.4 厘米。商品代雏鸡全部为麻羽，黑脚。63 日龄上市，公鸡平均体重 2 000 克，胫长 6.5～6.7 厘米，羽毛红褐色，黑脚，白皮肤。母鸡平均体重

1 700 克，胫长平均 5.9～6.3 厘米，麻羽，黑脚，白皮肤，料重比
1∶2.35，成活率 98%以上，羽毛紧凑，发亮，颜色一致，胸腿肌
发达，外观呈矩形。

（2）南海黄 1 号鸡配套系　该配套系是佛山市南海种禽有限公
司育成。父母代特性：属慢羽品系，成年公鸡单冠直立，冠色红
润，肉髯、耳叶鲜红，体呈方形，胸宽背阔，腿短粗壮，羽毛呈深
红色，尾羽带少量黑羽，胫长 6.5～6.8 厘米，24 周体重
3 100 克；成年母鸡单冠，冠、肉髯、耳叶鲜红，体形圆滚，胸肌
丰满，羽毛黄麻色，喙黄，胫黄，皮黄，胫长 5.3～6.3 厘米，24
周体重 2 300 克。父母代母鸡开产日龄为 168～175 天，66 周龄入
舍母鸡产蛋数平均达到 175.0 个。种蛋合格率 94%以上，入孵蛋
孵化率达 88.0%，受精率为 95%～97%。根据国家家禽生产性能
测定站的测定结果，商品代肉鸡：公鸡 10 周龄体重为 2 121.2 克，
饲料转化率为 2.33∶1，成活率 95.8%；母鸡 10 周龄体重为
1 641.9 克，饲料转化率为 2.62∶1，成活率 95.8%。

（3）大恒 799 肉鸡配套系　该配套系是四川大恒家禽育种有限
公司、四川省畜牧科学研究院培育出的快速型青脚麻羽优质肉鸡配
套系。大恒 799 肉鸡配套系以快速、青脚麻羽为主要特征，父母代
公鸡快羽、母鸡慢羽；商品代公鸡慢羽、母鸡快羽。父母代繁殖性
能较高，商品代生长速度快，其均匀度、成活率、料重比、外观性
状等方面均受到商品生产者的普遍认可。大恒 799 肉鸡配套系 66
周龄入舍鸡产蛋数为 189 个，种蛋合格率为 91.0%，种蛋受精率
为 94.4%，受精蛋孵化率为 92.9%，健雏率 99.6%。商品代雏鸡
雌雄自别率为 99.3%，10 周龄公鸡体重 2 668 克，饲料转化率
2.26∶1，成活率 96.7%；10 周龄母鸡体重 2 269 克，饲料转化率
2.35∶1，成活率 97.2%。

（4）天露黑鸡配套系　该配套系是温氏食品集团股份有限公司
和华南农业大学，以广西灵山土鸡黑羽型、海南文昌鸡黑羽型为育

种素材培育而成的三系配套优质型黑羽肉鸡品种。父母代公鸡为慢羽型，成年公鸡体型健硕，体形较圆，羽毛紧凑，单冠直立，冠大鲜红，早熟性好。喙黑、胫黑，皮肤黄色。颈羽金黄，性羽、鞍羽红黄，其他部位羽毛黑色光亮，22周龄体重1 700～1 750克，胫长9.1～9.3厘米，胫围4.4～4.6厘米；父母代母鸡为快羽型，成年母鸡体型匀称、体形较圆，头部清秀，全身羽毛黑色光亮、紧凑贴身。单冠直立，冠、肉垂、耳叶鲜红色，喙、胫为黑色，皮肤为黄色。父母代母鸡开产日龄为153～160天，开产体重1 250克，胫长7.0～7.1厘米，胫围3.3～3.5厘米。28周达产蛋高峰，高峰产蛋率达到83%。66周入舍母鸡产蛋量175个。全期种蛋合格率92.5%，全期种蛋受精率96.1%，全期受精蛋孵化率91.1%，66周龄入舍母鸡产合格种苗140羽。天露黑鸡配套系商品代公鸡84日龄上市，冠大鲜红，羽毛紧凑，颈羽金黄，性羽、鞍羽红黄，其他部位羽毛黑色，体重1 550～1 600克，平均饲料转化率2.9：1，成活率96%以上，胫长平均9.0厘米，胫围4.4厘米。母鸡105日龄上市，早熟，体形较圆，胸腿肌较发达，全身羽毛黑色，体重1 450～1 500克，胫长平均7.1厘米，胫围3.5厘米，母鸡平均饲料转化率3.5：1，成活率96%以上。

第三节　肉种鸡饲养管理关键技术

饲养种鸡是为了尽可能多地获取受精率和孵化率高的合格种蛋，以便由每只种母鸡提供更多的健壮初生鸡雏。肉用种鸡的繁殖期通常为40周，或多2～3周。要求每只肉用种母鸡能繁殖尽可能多的健壮而肉用性能优良的肉用雏鸡。为达到这一目标，首先种鸡本身应经过检疫，无白血病、白痢和支原体病等可经蛋垂直传播的疾病；产蛋期存活率在 90％以上；父母代母鸡高峰产蛋率和全程入孵化率在 85％左右；每只父母代种母鸡繁殖的后代不少于 140 只。要达到这些指标，除肉用种鸡的优良遗传因素外，良好的饲养管理是关键，要做到严格的综合性卫生防疫措施，提供适宜的环境、营养全面和平衡的饲粮与精细的饲养管理等。这些条件具备得越充分，肉用种鸡的生产水平和良好的经济效益越有可能发挥。

肉用种鸡饲养得最多的是父母代种鸡，数以亿计的肉鸡靠其繁殖，养好父母代肉用种鸡的重要性不言而喻。养好父母代种鸡，需要注意如下关键技术环节。

一、饲养方式与饲养密度

传统饲养肉种鸡的全垫料地面方式，由于密度小，舍内易潮湿和窝外蛋较多等原因，现今很少采用。目前，比较普遍采用的肉用种鸡饲养方式有以下三种：

1. 漏缝地板式　有木条、硬塑网和金属网等漏缝地板。目前以硬塑网居多，均高于地面约 60 厘米。金属网地板需用大量金属支撑材料，但地板仍难平整，因而配种受精率不理想。硬塑网地板平整，对鸡脚伤害很少，也便于冲洗消毒，但成本较高。木条或竹条的板条地板，地板造价低，但应注意刨光表面和棱角，以防扎伤鸡爪而造成较高的趾瘤发生率。木（竹）条宽 2.5～5.1 厘米，间隙为 2.5 厘米。板条的走向应与鸡舍的长轴平行。这类地板在平养舍饲养密度最高，每平方米可养种鸡 4.8 只。

2. 混合地面式　漏缝结构地面与垫料地面之比通常为 6∶4，或 2∶1。舍内布局常是在中央部位铺放垫料，靠墙两侧安装硬塑网地板，产蛋箱在木条地板的外缘，排向与舍的长轴垂直，一端架在木条地板的边缘，另一端悬吊在垫料地面的上方。这便于鸡只进出产蛋箱，也减少占地面积。混合地面的优点是：种鸡交配大多在垫料上比较自然，有时也撒些谷粒，让鸡爬找，促其运动和配种。在两侧木板或其他漏缝结构的地面上，均匀安放料槽与自流式饮水器（槽）。鸡每天排粪大部分在采食时进行，落到漏缝地板下面，使垫料少积粪和少沾水。这类混合地面的受精率要高于全漏缝结构地面，饲养密度稍低一些，每平方米养种鸡 4.3 只。

3. 笼养式　肉用种鸡目前以笼养式为主，有群笼和单笼两种方式。单笼一般每个笼位饲养 2~4 只种母鸡，实行人工授精，既提高了饲养密度，又获得了较高而稳定的受精率，因而采用者日趋增多。肉用种母鸡每只占笼底面积 720~800 厘米^2，一般笼架上只装两层鸡笼，便于抓鸡、输精、喂料与拣蛋。群笼则是每笼养 2 只公鸡、16 只母鸡，由于肉种鸡体重大，行动欠灵活，在金属底网上公母鸡不能很好地配种，受精率偏低，产蛋后期更严重，因此实际生产中仍需要摸索改善。

近年来，在我国集约化饲养快速生长型白羽肉种鸡也逐步采用全程笼养方式，并取得了比较成功的经验。肉种鸡全程笼养的最大好处是，便于实行限制饲养，无论育雏、育成期或产蛋期。这样有利于提高种鸡的均匀度，为发挥良种的遗传潜力和经济效益提供了有利条件。

笼养的成活率、育成期均匀度、产蛋期存活率和产蛋量等均不低于平养方式，而且饲料消耗低，总的经济效益高。笼养所用笼具常用规格为：

（1）育雏笼　4 层重叠式。单架笼的尺寸为 100 厘米×70 厘米×172 厘米，单层笼的尺寸为 100 厘米×70 厘米×33.5 厘米；底网网眼为 1 厘米×1 厘米，层间距 5.8 厘米，笼外给水给料。每层养 25 只，每架笼养 100 只。有效饲养密度为 142.9 只/米^2。

（2）育成笼　3 层全阶梯式。单笼的尺寸为 186 厘米×44.5 厘米×32.5厘米，底网镀塑，单笼中间由一侧网将其分成2个单元，每单元养7只鸡，每组笼养84只，有效饲养密度为16.9只/米²，笼外供水供料。U形长食槽、V形长水槽，水槽由50毫米的角铁焊接而成，笼架由40毫米的角铁焊接而成。笼架下设粪池，宽2.2米、深1.3米，长与笼架长度相等。

（3）产蛋笼　2层全阶梯式。单笼的尺寸为185厘米×37厘米×31.5厘米。由侧网将单笼分成5个单元，每单元养2只鸡，全组笼养40只，有效饲养密度为6.94只/米²，笼外给水给料。

（4）种公鸡笼　2层半架全阶梯式。单笼的尺寸为186厘米×43.5厘米×50厘米，由侧网将其分成6个单元，每单元养1只公鸡。

二、肉用种鸡的选择

对祖代种鸡和父母代种鸡都要进行外貌选择，通常分3次进行，即在1日龄、6～7周龄和转入种鸡舍时选择。

1.1日龄选择　母雏绝大多数留下，只淘汰那些个小的、瘦的和畸形的。公雏选留那些活泼健壮的，数量为选留母雏数的17%～20%。

2.6～7周龄选择　此阶段最关键。此时，种鸡的体重与其后代肉鸡的体重呈较强的正相关。过了这段时间，这种相关性就差多了，再按体重选择的意义就不大了，选择的重点在公鸡。这是因为如果淘汰率在公、母鸡群相同的话，在下一代中所得到的遗传增益基本相同，选留的公鸡少、母鸡多，多淘汰母鸡不如多淘汰公鸡合算。因此，应给公鸡群明显加大选择压。选留的标准按体重的大小排队，也要重视胸部的饱满、肌肉发育、腿粗壮结实等条件。将外貌合格、体重较大的公鸡，按母鸡选留数的12%～13%选留下来，其余淘汰（转为肉用）。6～7周龄时的公、母雏，外貌不合格都已很明显，将那些交叉嘴、鹦鹉嘴、歪颈、弓背、瘸腿、瞎眼和体重小的淘汰掉。

3. 转入种鸡舍时选择　这次淘汰数很少，只淘汰那些明显不合格，如发育差、畸形和因断喙过多而喙过短的鸡。公鸡按母鸡选留数的11%～12%留下。在母鸡群开产后，对发育欠佳、近期内尚无繁殖能力的公鸡也予以淘汰。

三、光照管理

在肉用种鸡的生长阶段，重点是使鸡群的性成熟和体成熟尽可能同步提前，以期种鸡群能达到理想的产蛋高峰和繁殖性能。在育成期总的原则是，控制体重与控制性成熟必须结合。在提高光照刺激性成熟的同时，应相应增加饲喂量。19周龄前后增加光照，应看体重是否达到标准；而在21周龄前后增加光照时，除考虑体重外，还要根据第二性征发育的状况，以确定增加光照时间的具体时数。总之，要尽可能采用科学的措施，来协调好鸡体的性成熟和体成熟，使种鸡群按时开产、按时进入产蛋高峰。

现代肉用种鸡对光刺激的反应不太灵敏，即比蛋用种鸡慢。因此，制定肉用种鸡的光照制度时，除遵循产蛋期光照时间不可缩短、光照强度不可减弱等基本原则外，还应注意光照刺激的强度和要求，给光时须提前一些时间。如在增加光照时，每周增加1小时，比每周增加15分钟或0.5小时的作用要好；22周龄（黄羽肉鸡还会提前）体重已达标准而第二性征发育不显时，一次加3小时比加1小时的作用要大。

1. 开放式鸡舍光照管理

（1）出生头2天光照23小时。

（2）第3天至第16周龄，采用渐短的自然光照或者人工补光，使光照总时数保持不变。

（3）16周龄以后，光照总数绝不能减少；第17周龄至18周龄后，保持光照总数不变。

（4）第1次强烈光照刺激所需要的时数，可按照季节和鸡群的实际性成熟情况而定。在第19周或20周或21周龄的第1天，可增加1～2个小时的光照，给予一个强有力的刺激，促使大多数鸡加快性成熟。

（5）此后，至少每隔2周增加1小时光照，直到每天光照时间达到16～17小时的最高限度为止。

2. 密闭鸡舍光照管理　肉用种鸡密闭鸡舍光照管理见表3.8。

表 3.8　肉用种鸡密闭鸡舍光照管理

周　龄	光照时数
1～2日龄	23小时
3～7日龄	16小时
8～18周龄	8小时
19～20周龄	9小时
21周龄	10小时
22～23周龄	13小时
24周龄	14小时
25～26周龄	15小时
27周龄	16小时

注：148日龄即22周龄的第一天，开始增加3小时的光照刺激。

四、公鸡繁殖期与母鸡同栏分槽饲喂

在繁殖期，如果公母种鸡混养、同槽采食，则对公鸡的喂料量和体重很难控制。特别是母鸡到达 27～28 周龄开始使用了最大饲料量后，若公母同槽，则公鸡很快超重。而且超重的公鸡很易发生脚趾瘤、腿病，受精率下降，甚至到 45 周或 50 周龄时常因公鸡淘汰过多而造成公母比例失调，严重影响种蛋受精率。

1. 公母种鸡同栏分槽饲喂法的优点

(1) 有效地控制种公鸡体重，保持良好的繁殖体况。通过分饲与混饲两种方法比较，29 周龄前公鸡体重无明显差别；到 32 周后两种方法差别明显；当 48 周龄时混饲公鸡体重达 5.0 千克，而分饲公鸡仅为 4.2 千克，混饲公鸡超重 800 克。说明公母种鸡只有分别喂饲，才能有效地控制公鸡体重，还可单独用公鸡饲料。

(2) 减少种公鸡脚趾瘤的发生。通过对脚趾瘤的调查和评分（无肿瘤为 1 分、显著肿胀为 4 分、肿胀并溃疡为 5 分）结果看出，32 周龄时两种饲养法的青年公鸡得分相差接近 1 倍；到了 42 周龄两种方法的脚趾瘤差异显著，超过了 1 倍。分饲法的公鸡脚趾瘤分数很低，说明分饲法对防止公鸡发生脚趾瘤有效。

(3) 种蛋的受精率和孵化率，分别提高 2%～5% 和 2%～6%。

综上优点，说明公母种鸡分槽饲喂是控制公鸡体重和提高种用性能的有效方法。

2. 公母种鸡同栏分槽饲喂具体方法

(1) 公母种鸡在 18～20 周龄内转入种鸡舍，公鸡要比母鸡提早 4～5 天转入，目的是使公鸡适应料桶和新鸡舍环境。20 周龄后，开始实行公母种鸡分槽饲喂。

(2) 采食用具　母鸡用料槽，槽上装有防栖栅格，格宽 42～45 毫米，只要公鸡的头伸不进去、而母鸡的头能伸进采食即可。最初可能有发育较差、头较小的公鸡暂能采食，待到 28 周龄后，公鸡完全不能利用母鸡的料槽采食了。

公鸡用料桶，桶下的料盘装格或无格均可。将料桶吊高距地面 41～46 厘米，随公鸡背高调整高度，以不让母鸡够着、公鸡立

起脚能够采食为原则。

（3）料槽放置　种鸡舍内 2/3 为漏缝地板，1/3 为地面垫料。母鸡的料槽和饮水器放在两侧的漏缝地板上，公鸡料桶吊在两个饮水器中间，这样放置便于公母鸡采食和饮水。

（4）要求有足够的场地和料位，能让公鸡在同一时间内都吃到饲料，每个料盘可供 8～10 只公鸡采食。

（5）公鸡的饲料喂量特别重要，原则是在保持公鸡良好生产性能情况下，尽量少喂，喂量以能维持最低体重标准为原则，但不允许有明显失重。

（6）23～24 周龄要注意观察公鸡有否性行为（配种），若没有或很少见到，同时公鸡膘情不好，则每天每只公鸡应增加 1.5～2.0 克，喂料时，每个料盘要加料相等。

五、限饲技术

限饲是养好肉用种鸡的核心技术，以下一些具体措施是必须掌握和落实好的。

1. 限饲开始前普遍调群　鸡群逐只称重或目测。根据体重标准分成大、中、小三等，分别放在鸡栏中。同时，将病、弱鸡挑出淘汰，因为这些鸡忍受不了限饲应激，还会影响饲料量计算的准确性。

通过全群称重，对鸡群的发育状况、体重的均匀度以及健康等情况有了全面了解，做到心中有数，有利于限饲方案的正确实施。如果鸡群均匀度很高，只做个别调整即可。

肉种鸡群的均匀度，通常以平均体重±15% 范围以内的鸡只占全群的比例表示。如 1 800 只的鸡群，抽测 10%，即 180 只鸡，平均体重为 1 079 克，平均体重15%。即在807～1 241 克体重范围内的有 173 只鸡，其体重均匀度则为 96%。

均匀度是衡量鸡群限饲效果、预测开产整齐性、蛋重均匀程度和产蛋量等的指标。生产实践证明，肉种鸡的均匀度每增减 3%，每只入舍鸡产蛋数相应增减 4 个左右。由于肉用种鸡饲养管理技术水平的不断提高，对均匀度的要求在不断提高。现在越来越多的育种公司不但提出了平均体重±15% 的均匀度标准，还提出了平均体重±10% 这一更高的均匀度标准。在生产实践中，也有以±10% 标准取代±15% 标准的趋势。一般要求肉种鸡群的体重均匀度在75% 以上。各周龄的均匀度标准如表 3.9 所示。

表 3.9　肉种鸡各周龄的均匀度标准

周龄	±10%均匀度	±15%均匀度	变异系数（%）
4～6	80～85	90 以上	8～8.2
7～11	75～80	89～90	8.4～8.8
12～20	75～80	85～89	9.0～9.9
20 以上	85	84 以下	10 以上

2. 定期称重与及时调群　从 3 周末开始，每周称重 1 次；开始产蛋后，每月称重 1 次。

（1）称重时间　每次固定在每周的同一天、同一时间，最好在停饲日下午进行。如果在喂料日称重，注意所得的体重含有饲料量。

（2）称重鸡数　生长期抽测每栏鸡数 5%～10%；产蛋期抽测2%～5%。每栏都要抽测，不能用一栏代替全群。

（3）称法　在鸡舍内按对角线采取两点，用折叠铁丝网随机地将鸡围起来，所围的鸡数应接近抽测计划鸡数。然后，用校对准确的弹簧吊秤或台秤逐只称量，个体记录。不加任何选择地把所围起来的鸡全部称完为止。计算平均体重和均匀度，与标准体重比较，决定下周喂料量。

为了提高鸡群的均匀度，在限喂期间要随时按体重大小调整鸡群，但调出与调入鸡数应相等，每天或每周调1次均可，根据鸡舍的工作情况灵活安排。产蛋期不调。

3. 正确地确定各阶段的饲料量

（1）从育成到开产阶段，饲料量确定的基础是育成鸡各周的实际体重，同时要考虑饲料中的能量和蛋白质水平。

（2）开产后至产蛋全期，饲料确定主要按鸡群实际产蛋率、日平均舍温、种鸡体重与健康状况。

（3）产蛋高峰前期即开产后3～4周，饲料给量必须迅速增加或一下子达到产蛋高峰期最大料量。

由于鸡群中有些已开产的早熟母鸡，产蛋数、蛋重和本身体重同时在增加，因此，按周增加饲料量时这些鸡会感到营养不足。结果到产蛋高峰前母鸡脱羽、停产，因而影响整个鸡群的产蛋水平。

其次，从产蛋规律看，开产后仅需4～5周产蛋率进入高峰。这时由于蛋数、蛋重速增加，对营养需求高而集中，因此，饲料的给予不应该按周平均分配，更不应只给仅能满足当时产蛋率需要的饲料，而应按照下一周的预期需要，对鸡只进行引导性饲养或一下子满足供应。这样才能促使鸡群产蛋迅速达到高峰，而且高峰高、持续时间长，否则将永远不会出现高峰，全期产蛋量不多。

（4）高峰期饲料确定后，要保持饲料量恒定，通常保持6～8周。目的是把产蛋率下降减少到最低程度，以保持高峰期的高度和持续时间。

高峰期内如果产蛋量受某些应激略有下降，但蛋重仍在增加，两者相抵，则对营养要求仍不变。

（5）40周龄后产蛋率开始下降，母鸡完成了生长阶段并且蛋重增加很少，这时母鸡对营养的总需求开始减少，应及时酌情减料，否则母鸡会出现过肥，产蛋率急剧下降。

采取试探性减料，就是说减料后观察4～7天，看其产蛋率变化是否按常规下降。如果不正常或回升，则减料应暂停。

原则上 40 周龄后产蛋率每下降 4%，每只鸡平均减料约 2.3 克。40～64 周龄，每只鸡应减少 14 克左右。具体减料量，应根据不同品种做出适当调整。

4. 备足饲槽和水槽　限饲鸡群要求每只鸡都有足够的料位和水位，免得有的鸡抢不着饲料造成体重不均或伤亡过大等现象。

料槽和水槽距鸡活动范围要求在 3 米以内，不可过远。此外，水槽要距料槽近些，免得吃完干料不能马上喝到水，容易噎死。

5. 限饲与光照控制结合进行　体成熟和性成熟能否同步进行，对青年肉用种鸡极为重要。要求母鸡 24 周龄体重达 2.6 千克（因品种而异），并且性成熟开始产蛋。但实际上常出现体重虽已达标，但尚未开产，或体重低于标准，但已开产的不同步现象。如果限饲与光照结合得好，就会通过光照时间和强度调节开产日龄，使其性成熟与体重标准同步。应当注意的是，在遇有不利于限饲的情况如发病、投药等应激因素时，要暂时停止限饲，改为自由采食。待恢复正常时，再继续限饲。

六、种鸡的强制换羽

换羽是禽类的一种自然生理现象。野生禽类在寒冷季节到来之前，要更新羽毛、恢复体力，以便顺利越冬。经人类长期驯养的家禽仍保持这一特性。一般来说，鸡群中的低产鸡换羽早而且停产；而高产鸡换羽晚，而且可边换羽、边产蛋，无明显停产期。这样，整个鸡群换羽程度很不一致，产蛋率明显下降，造成鸡场的经济效益降低。采用人工强制换羽措施，是改变这种被动局面的办法之一。

人工强制换羽，即人为采取强制性方法，给鸡以突然应激，造成新陈代谢紊乱，营养供应不足，促使鸡迅速换羽后、迅速恢复产蛋的措施。

一般正常环境条件下，没有人为干涉的自然换羽持续时间长达3～4个月，且换羽后产蛋恢复缓慢。采用人工强制换羽技术，可加速鸡群换羽过程，使母鸡较同步地快速换羽、长出新羽并恢复产蛋。这个过程一般不超过1个月。

1. 强制换羽的意义

（1）产蛋种鸡得到一个休息机会　对鸡采用强制换羽措施，使其换羽，停止产蛋，休息一段时间，让经过长期产蛋的母鸡体质得以恢复。

（2）改善蛋的品质　采用强制换羽措施，让鸡的体重下降25％～30％，将沉积在子宫腺（蛋壳腺）中的脂肪耗尽，使其分泌蛋壳的功能得以恢复，从而改善了蛋壳质量，降低破蛋率，提高商品率。

（3）提高种蛋率、受精率和孵化率　强制换羽，不但可减少破蛋、裂纹蛋、薄壳蛋、沙皮畸形蛋，而且胚胎也较健壮。因此，提高了种蛋合格率、受精率和孵化率。

（4）延长鸡的经济寿命　父母代种鸡饲养至65～68周龄（种蛋利用9～10个月）后，淘汰更新。通过强制换羽，父母代种鸡也可延长利用6个月左右，因此提高了鸡的利用率。

（5）增加鸡场的经济效益　采用强制换羽措施比不采用强制换羽继续饲养，提高了鸡的生产性能，延长了鸡的经济寿命，故节约了饲养育成鸡的饲料费和其他开支。

2. 强制换羽的应用　鸡的强制换羽，自1900年在美国首次试验至今已有100多年历史。当时的目的是有计划地进行春雏生产，缩短自然换羽的休产期，提高受精率和孵化率。目前，强制换羽技术作为种鸡场饲养管理技术中的一个重要措施，被普遍利用。

（1）作为盈利措施　目前，养殖肉鸡盈利甚微，当鸡肉的价格低于饲养费用时，可采用强制换羽，使种鸡停产，以减少经济损失。采用强制换羽措施，来调整供应时间，以获得高的经济效益。第一产蛋期，鸡群产蛋率高、鸡只健康状况良好，可考虑应用强制换羽来延长鸡群的利用时间。

（2）后继无鸡的补救措施　我国肉鸡的繁育体系仍很不健全，可能由于不能按时、按质、按量供应雏鸡，因而不能按计划更新鸡群。有时由于育雏育成期效果不佳，造成后继无鸡，打乱了正常的周转计划。遇到以上情况，均可采用强制换羽措施，延长计划淘汰鸡群的饲养周期，以解燃眉之急。

此外，育雏育成效果好的高产鸡，若在产蛋上升期遇到大的应激，产蛋率大幅度下降，高峰产蛋率不高，未能充分发挥其遗传潜力时，可应用强制换羽措施，中止第一产蛋期，可望第二产蛋期获得较高的产蛋率，弥补损失。

3. 鸡群采用强制换羽的一般条件　强制换羽是给鸡群突然的应激［如常用的畜牧学法（饥饿法）］，其造成的应激十分严厉，鸡群中的病、弱鸡忍受不了强烈的应激，强制换羽前期死亡率很高，活下来的鸡体况也不可能在短期内得以恢复，而且病鸡是鸡病暴发的传播源。因此，为了使强制换羽效果好，要求参加强制换羽的鸡群健康状况良好，而且产蛋性能较高。

一般来说，第一产蛋期产蛋性能好的鸡，实行强制换羽，可望第二产蛋期母鸡生产性能也较高。

4. 产蛋期的类型　产蛋种母鸡一生中可以实行1~3次人工强制换羽。我国一般实行一次人工强制换羽。通常认为，采用两次强制换羽比一次强制换羽更有效。

（1）一次强制换羽两个产蛋期方案　这种方案一般是在母鸡开产后11~12个月（68~72周龄），实施人工强制换羽。换羽开产后再产蛋7~9个月，将母鸡淘汰。也有人主张在55~65周龄时，实施人工强制换羽。

（2）两次强制换羽三个产蛋期方案　这种方案是在母鸡开产后

8～9 个月，进行第一次人工强制换羽。然后经过一个较短的产蛋期（6～7 个月），在 16～18 个月后进行第二次强制换羽，换羽后再经过一个更短的产蛋期（6 个月），便将母鸡淘汰。这种方案，从第一个产蛋期母鸡开产至第三个产蛋期结束、母鸡淘汰为止，总计 24 个月左右。

5. 人工强制换羽的方法　根据强制换羽措施不同，人工强制换羽方法可分为生物学法（激素法）、化学法、畜牧学法（饥饿法）和综合法（畜牧学法与化学法相结合）等 4 种。

（1）生物学法（激素法）　这种强制换羽方法是给每只母鸡注射激素类药物，对鸡有副作用，现已不采用。

（2）化学法　基于饲料中含有过量或过低的矿物质或微量元素，能引起母鸡停止产蛋或产蛋急剧下降，采用在饲料中添加过量的锌或喂给低钙饲料，以促使母鸡停产换羽。这些方法特点是对母鸡应激较小，死亡率也较低，虽然大多数母鸡换羽不完全，但是母鸡停产较快，一旦改喂正常日粮，母鸡即可迅速恢复产蛋。有以下几种方法：

一是喂高锌日粮的强制换羽法：在饲料中添加高浓度的锌，能使产蛋种鸡短时间内降低体重和迅速停产，这是因为高锌可以抑制大脑中的食欲中枢，引起鸡的采食量大幅度减少。措施：①不停水。②1～5 天（或 7 天）密闭式鸡舍光照时间，从每天 16 小时降至 8 小时；开放式鸡舍停止补充光照，采用自然光照，6～8 天以后逐渐恢复到原来光照时间。③1～5 天（或 7 天）母鸡自由采食含 2.5% 氧化锌的饲料（每吨含钙 3.5%～4% 的饲料添加 25 千克氧化锌）或加 3% 硫酸锌，第 6 天（或第 8 天）后，喂给母鸡含锌 50 毫克/升的常规蛋鸡料。

效果：①体重失重率：母鸡自由采食高锌蛋鸡料后第 1 天，鸡群采食量即减少一半，第 7 天鸡群的采食量仅为正常采食量的 18% 左右。由于母鸡采食量迅速降低，体重也随之迅速下降。②产蛋率：喂高锌日粮 5～7 天后，鸡群即停止产蛋。第 2 周鸡群即开始恢复产蛋（已喂常规蛋鸡料），第 5 周产蛋率上升到约 60％，第 8 周产蛋率超过 70％，并保持长达 11 周之久才开始下降。

二是喂低钙日粮的强制换羽法：将日粮中含钙量从 3％降到 0.09％，代谢能保持原来的 12 118 千焦。试验结果，2 周后，产蛋率约降到 3％。但缺钙日粮并未引起母鸡换羽或换羽速度很慢。这种方法仅可以在产蛋后期，使母鸡停产一段时间（如喂低钙饲料 14～42 天），以便母鸡恢复体力。待撤走低钙饲料，母鸡又可以迅速恢复产蛋。

（3）畜牧学法（饥饿法）　采用停水、绝食（或喂给单一谷物，如整粒燕麦、大麦）和控制光照等措施，使鸡群的生活条件和营养产生突然剧烈变化，强制母鸡换羽休产的传统强制换羽方法。由于这种方法操作简便、效果明显，故被普遍采用。

①停水：停水对鸡来说是最剧烈的应激，尤其是使蛋壳质量急剧下降、蛋壳变薄变脆、破蛋增加。如断水第 2 天，破蛋达 10％，第 3 天 20％～30％，第 4 天 90％～100％。

停水天数，应根据季节和鸡的体质灵活掌握。大多数强制换羽方案，都在绝食第 1 天同时停水。一般采用停水 1～3 天。也有些强制换羽方案在强制换羽开始时停水 1～2 天，然后恢复饮水，再停水 1～2 天或第 1 天不停水，第 2～3 天连续停水 2 天。一般认为，停水可以增加重新开产后的蛋重。

但要注意，在酷热的夏天，停水可能会降低鸡体散热能力而导致过度喘气，或鸡因脱水严重而死亡率上升。有人认为，由于停水可能造成鸡的肾脏损伤，降低或破坏泌尿系统排出鸡体内积累的废物的机能，因此，不将停水作为强制换羽的常规手段。只有当绝食后第 5 天，鸡群产蛋率还不能降至 10％以下时，才考虑停水，以刺激鸡群加快休产（开放式鸡舍可能出现这种现象，因为日照时间长）。

另外，若鸡群体质较弱，应考虑是否不停水，或停水 1 天，因停水对鸡的应激比绝食的应激更强烈。

②绝食或饲喂单一谷物：在以往众多的强制换羽研究和实践中，关于在换羽期间，如何利用"饲料应激"促使鸡群换羽休产以及迅速、合理恢复重新产蛋问题上，方法很多，众说不一。

强制换羽"准备期"：为了预防低血钙症以及提高"实施期"的蛋壳质量，可在强制换羽前 7 天，每只鸡每天喂给 15 克石灰石不溶性沙粒，每天分 3 次喂给。

强制换羽"实施期"：有人用一个限制日粮配方，即喂给鸡群营养不平衡的单一饲料，如整粒燕麦、碎粒玉米、高粱或大麦粒等谷物料。有的在"实施期"开始时给予谷物料，尔后绝食，以造成鸡的营养不足，引起鸡群换羽休产；在我国，更多的是采用绝食法。此外，国外许多试验证明，采用谷物限制饲喂法最佳，日粮顺序为整粒燕麦、整粒大麦、整粒小麦。总的来说，在强制换羽"实施期"，以绝食方法较好。它既节省饲料，管理又方便，实践中效果也证明很好。至于绝食时间的长短，应根据品种、年龄、产蛋率、体质情况以及季节不同而异。主要依据鸡体重的失重率和死亡率情况而定，绝食 3～5 天乃至 16～17 天不等。

强制换羽"恢复期"的饲料供应：方法很多，有的给谷物料（如用蛋白质 8%～9% 的玉米，加维生素、矿物质）4 周，然后改为自由采食蛋鸡料；有的立即改为自由采食蛋鸡料。较普遍采用的方法是：在恢复期开始喂育成料后，加多种维生素和矿物质。喂料量逐渐增加，然后改自由采食蛋鸡料；恢复期，直接用蛋鸡饲料限饲，过一段时间再改为自由采食。

③控制光照：减少光照时间可诱发鸡换羽休产。一般是在停水、绝食第 1 天起（约 30 天内），将原来每天 16 小时的光照时间减少至 8 小时左右，否则达不到预期效果。这也就是为什么夏季人工强制换羽不易获得好效果的主要原因之一。有资料证明，将光照

减少到每天 6 小时，对鸡体没有不良影响，且可以维持一定时间的休产状态。

总之，上述停水、绝食和减少光照等三方面，是诱发鸡群换羽休产的主要因素。由于各鸡场的诸多条件不同，鸡种、鸡群年龄、体质、产蛋水平以及饲料条件各异，因此很难做出统一的规定，并没有"标准答案"。这就是有的鸡场强制换羽的效果好，而有的效果差，甚至失败的原因所在。成功的具体方案是，根据具体情况，合理地灵活掌握其"应激量"。

第四节　肉种鸡不同发育阶段管理的关键要点

肉种鸡历经育雏育成、产蛋等不同阶段。每个阶段都有一系列需要关注的关键管理要点，抓好这些关键要点，是获得肉种鸡良好生产性能的基础。以下用速生型的白羽肉鸡为例，对这些关键要点进行说明。其他类型的鸡种，可以根据相应的生长发育阶段做出相应的调整。

一、育雏育成期

这是指 0～105 日龄（0～15 周龄）的时期。育雏育成期主要的目标是保证种鸡生长发育的整齐，体重均匀，为性器官发育准备。

（一）0～7 日龄育雏管理

0～7 日龄育雏管理，需要确保雏鸡入舍后有良好、整齐的开端。至 7 日龄确保雏鸡体重达到标准体重或以上，为鸡群限饲流程做准备。

这一阶段的管理，是为种雏鸡提供正确的环境温度、相对湿度、新鲜空气、高质量的饲料和饮水、适宜的采食和饮水位置。

1. 进雏前管理　雏鸡进场之前，对鸡舍和设备进行清洗和消毒，对饲养设备和生产用水进行微生物检测。主要操作有：在雏鸡入舍前 24 小时，将鸡舍温度升至 30～32 ℃；计划装鸡位置和密度，一般进鸡 1 日龄每平方米可装鸡 45～50 只，或者按采食位置 4～5 厘米/只计算装鸡密度；准备好饲喂和饮水设备，使鸡群容易看到，并调整高度，使鸡群容易够到；笼底垫网，必须平整，没有凸起，且不会阻碍鸡群采食；门口消毒垫消毒药液浸泡；评估舍内环控设备，包括风机、导流板、小窗等；评估锅炉和舍内暖气管道阀门，是否能够按要求升温，温度是否稳定；评估鸡舍密闭程度，将有贼风处进行处理；评估温控设备显示与实际差异，进行校正；鸡舍前、后、左、右，分别放置温、湿度仪，评估鸡舍温度是否均匀、稳定；光照强度调整至 30～60 勒克斯。

2. 进雏管理　雏鸡进舍前，将料盘上料，一般按 5 克/只；雏鸡到达鸡舍后，按计划上笼，每笼/栏鸡舍相同，捡出死鸡；鸡群上笼后，将舍温调至目标温度，加湿到目标湿度。

3. 前 3 天管理　从 1 日龄开始为整个鸡群创造一个良好的开端，培育鸡只良好的食欲和采食行为，促进消化系统、羽毛等的发育和生长，维持全群的均匀度。具体操作和注意事项：鸡群上笼后评估鸡群质量，若鸡群体质较差，可适当调高鸡舍温度 1～2℃；鸡舍适当加湿，确保前 3 天相对湿度达到 70% 左右；观察鸡舍分布情况，鸡群正常表现为：均匀分布、采食、饮水、休息；若出现张嘴呼吸、张翅膀、到处游走说明温度过高，出现扎堆群居则温度过低，应评估鸡舍温度是否适宜、稳定和均匀，及时做出调整；巡视鸡群，发现鸡群中弱小鸡只，及时挑出放于固定位置，引导其饮水和采食；喂料程序，前两天使用料盘，每天喂料 5～6 次，根据每天喂料量分配，2 日龄末视鸡群情况，撤出料盘，改为料槽喂料；雏鸡开食评估，入舍 12 小时后 50％以上的雏鸡嗉囊应充满饲料，24 小时达到 80％以上，入舍 48 小时后达到 95％以上。如果达不到上述嗉囊充满度的水平，说明某些因素妨碍了雏鸡采食，应采取必要的措施。前 2 天采取 24 小时光照和 30～60 勒克斯的光照强度，维持起始温度，视鸡群采食情况和行为表现，决定 3 日龄是否执行暗光程序和降温；3 日龄执行暗光程序和降温程序后，需要观察鸡群表现，根据操作改变后的鸡群表现及时调整，可以添加抗应激药物；3 日龄一般不执行通风操作。

4.4～7 日龄管理　这几天首先要对光照时长、光照强度按照计划进行调整；鸡舍温度和湿度则执行标准程序；4 日龄开始负压通风，按每千克 0.011～0.017 米^3/分的最小通风量进行通风设置，根据鸡舍实际情况，调整静压值；4 日龄开始带鸡消毒；按照参考喂料量给予公母鸡群相应料量，并记录每天光槽时间（鸡群采食时间）；巡视鸡群，将鸡群中过大或过小的鸡只挑出，集中饲养；7 日龄末，观察鸡群采食情况，此期应实现料槽光槽；7 日龄末需要确定每笼鸡数，保持相同数量和充足的采食位置。

总结本阶段具体管理要点：一是在雏鸡到达之前，彻底清洗、消毒鸡舍和设备，完全做好鸡舍的准备工作；二是雏鸡到场 24 小时前，确保鸡舍达到正确的温度和相对湿度，保证充足的新鲜空气；三是确保雏鸡立即能够得到新鲜的饮水和饲料；四是根据雏鸡行为，判断育雏温、湿度是否达到满意的效果；五是育雏期间经常添加饲料，观察和触摸鸡只嗉囊，确保雏鸡都已吃到料；六是每天至少 2 次检查和调整饲喂器和饮水器；七是每天定时巡视整个鸡

群，发现问题，及时补救；八是可以适当提高1周龄末的鸡群
体重。

（二）2~4周龄管理

2~4周龄管理的目标是：鸡群适应限饲流程，到4周龄末有
一个较高的发育和生长整齐度。其要点是：制订合理的限饲流程、
科学的体重监测方法、适当的挑鸡管理和环境控制程序。

1. 限饲流程　本阶段主要使鸡群饲喂实现由接近自由采食到
最终限饲方式的过渡，主要流程如下：2周龄继续按照参考料量均
匀饲喂；3周龄开始执行6+1的限饲模式，即将3周龄总料量均
分于6日内喂完，第7日空料1天（限饲模式根据经验可执行每日
饲喂）；4周龄继续执行3周龄的限饲模式；执行限饲后，确保每
笼鸡数相同。

注意事项：一是从本阶段开始，饲养密度降低，应按照饲喂设
备情况，适时进行扩群或分群，使每只鸡能够同时采食，适宜采食
位置为2周龄5厘米、3周龄7厘米、4周龄10厘米；二是喂料量
要均匀，准确；三是关注鸡群采食情况，限饲起始易出现采食过
多，造成鸡只瞬间休克现象；四是记录每天采食时间，正常情况
下，采食时间逐日缩短，如果异常，要检查影响鸡群采食的因素，
免疫反应、疾病或是否断水；五是需使鸡群容易够到饮水乳头，随
着鸡群生长，适当提高水线高度，与鸡眼等高为宜，并且保证足够
的水压；六是10~14日龄，需要将鸡群分笼或扩群，可以将大小
相同的鸡只归于同一笼。

2. 挑鸡管理　由于本阶段执行限饲流程，鸡群间个体体质差
异以及对限饲流程的适应程度不同，会造成采食能力的差异，进而
使鸡群整齐度变差，出现欠发育鸡只或者过度发育鸡只，因此需要
将两者挑出，组群饲喂。

限饲开始执行后，需要预留一定的位置，用于饲喂挑出的鸡只

或鸡群。10日龄后，因采食多少造成的体重差异变的明显，此时需要将各单位中的过大鸡只和过小鸡只挑出，分别置于预留位置，每笼鸡数相同。挑鸡时，不应对鸡群造成过度应激，眼观大小即可。笼养条件下，需要将挑出鸡的笼内数量补齐，确保每笼鸡数相同。完成操作后，鸡只喂料量不变。此操作一般在采食6小时后或空料日进行。挑鸡工作一般每周1次，但不应挑出过多鸡只，否则应评估喂料均匀性和准确性。免疫或者监测体重时，保证各笼鸡只不变。

3. 体重监测　体重监测一般在空腹阶段执行，要选择多位点监测和比较。

4. 喂料管理　喂料均匀，每笼鸡喂料量相同。笼内出现死鸡，及时补充。评估笼内鸡群情况能否同时采食，及时降低密度。

5. 环境控制　10日龄后执行固定光照时间和光照强度。经常评估光照强度均匀性和鸡群适应性，主要依据是是否出现啄羽现象。温度按计划执行，需要以鸡群行为状态以及表现，评估温度。鸡舍通风量应逐渐增大，确保鸡舍环境稳定，无粉尘、空气新鲜。每天带鸡消毒，注意活苗免疫当天不消毒。定期进行水线消毒。

（三）5～9周龄管理

5～9周龄管理的目标是鸡群体重达标，保证均匀度。管理要点：对大群按照不同的体重范围进行分群，通过制定相应的体重曲线，执行不同的喂料程序，使鸡群9周龄时体重达标并有一个较高的均匀度。

1. 体重管理

（1）体重评估　4周龄末，空腹抽测5%的鸡群体重，计算体重均值和均匀度。

（2）分群管理　抽测均匀度如果达到85%以上，分3组；75%～85%，分4组；均匀度小于75%时，分5组。具体体重范围：标准体重±20 克分为 1 组（标准组），标准体重－20 克～标准体重－40 克分为 1 组（加 1 组）；标准体重－40 克以下的分为 1 组（观察 1 组），标准体重＋20 克～标准体重＋40 克分为 1 组（降 1 组）；标准体重＋40 克以上的分为一组（观察 2 组）。

（3）位置确定　确定笼位数量：4 周龄末鸡群体重应该符合正态分布，所以按照笼位数量，安排各组大概的笼位数量，标准组 40%、加 1 组 20%、降 1 组 20%，观察 1、2 组各留 10%位置；确定位置时，群体比例大的组别安排于待分群体附近，便于高效率操作。

2. 分群操作　鸡群逐一测定，按照规定体重范围，将鸡只放于相应组别位置。称鸡时，操作者需要同时触摸该鸡胸部，观察鸡只羽毛覆盖情况和腿部情况，将龙骨弯曲、羽毛凌乱不全、腿关节肿的异常鸡只挑出，作为次鸡进行淘汰。称鸡过程，注意控制速度、抓鸡动作、电子秤清零、数据读取准确。同一鸡舍/栏鸡群最好多组同时进行分群操作，避免鸡群因饮水造成的体重误差。分群操作结束后，将每笼鸡数调至相同，并清点各组鸡数。汇总各组鸡群详细信息，包括数量、平均体重、变异系数等，将此交于管理者。

3. 制定体重曲线　体重曲线对了解鸡群是否正常生长发育非常重要，因此，制定体重曲线很有必要。体重曲线的制定方法如下：计算各组鸡群平均体重与标准体重的差值，此值为 5～9 周龄 5 周时间内各组鸡群需要追赶或少长的体重。将各组体重与标准体重的差值分配于各周，一般体重小的组别应该先大后小，5～9 周比例依次为：3：2.5：2：1.5：1；体重大的组别先小后大，比例可以为 0：1：2：3：4，按此比例计算各周龄的体重增减值。各周标准体重加相应体重增减值，即为 5～9 周各组鸡群的体重曲线，需要调整相应各周的饲料给予量。

4. 确定喂料量　可以按照以下步骤确定喂料量：一是计算各周内每天体重增减值（注意考虑限饲方式）；二是计算各周增重料

重比（从标准体重和参考料量表中获得数据），可以作为每日龄的增重料重比；三是计算各周每天增减相应体重应该增减的饲料量；四是计算每天喂料量；五是将计算所得每周每日耗料列表打印给予鸡舍，作为5～9周的喂料程序。但要注意，当一周日耗料增加超过3克时，可以在本周内分为两个阶段增加。

5. 体重监测　执行新的体重曲线后，在每周末监测各组鸡群的平均体重和均匀度（变异系数）。根据体重评估各组料量的准确性和与体重曲线的吻合度，以及喂料的均匀性，原则上各组鸡群体重越来越接近标准体重，均匀度在变差（但幅度不会太大，如果均匀度变差，评估喂料均匀性）。根据各组抽测鸡群体重，计算整个鸡群的加权平均体重和均匀度，比较与标准体重的差值是否在变小。同时，需要抽测胫骨长，用于评估分组后骨骼发育与体重的关系；如果个别组出现胫骨长增长缓慢，体重增长过快，则需要评估喂料量的准确性，如果整栋鸡舍出现类似现象，则需要考虑饲料营养水平。

6. 效果评估　在9周龄末，各组扩大比例，多点抽测鸡群体重，正常情况各组体重均接近标准体重，大群体重达到9周龄标准，均匀度能达到90％左右。

评估体重和均匀度达标后，整个鸡群将按照参考标准执行。一般10周龄后，不再对整群做分群。如果出现组内体重与标准体重依然差异较大，则该组在10～15周需要继续分群限饲。若9周末体重均匀度控制效果不理想，则需要评估饲养员操作过程和料量标准的制定。

7. 其他管理　光照时间和光照强度维持8小时和10～20勒克斯，关注鸡群有无啄羽和啄肛现象。若有，及时评估光照强度，采取措施。温度维持18～22℃，寒冷季节采取最小通风量，鸡保持适宜的体感温度。鸡舍温度达32℃以上时，可采取湿帘降温。每天可增加1次消毒，上下午各1次，保持鸡舍的适宜湿度。确保鸡舍环境卫生整洁；确保饮水干净、充足，饮水乳头定期检查，且有较高水压，水线每周消毒1次。

（四）10～15周管理

10～15周管理的目标是鸡群体重达标，提高均匀度（5～9周限饲失败或不理想的补救），体况发育良好。关键管理要点是体重管理、体况评估与管理。

1. 体重管理　　10～15周阶段的体重管理，各周龄末继续监测鸡群体重，执行计划喂料程序。喂后，需要特别关注喂料过程，防止均匀度降低。15周龄末体重必须达标，如果不达标则会影响产蛋性能的发挥。15周龄后不再进行分群限饲。

2. 体况评估与管理　　主要观察腿部异常，胸部脂肪沉积情况，羽毛发育情况。

3. 注意事项　　一是本阶段如果转群，注意温度衔接，可以使产蛋鸡舍温度略高于雏鸡舍；二是操作转群前，外形不完整的鸡提前挑出，不需要转至产蛋鸡舍；三是可以将鸡群中骨架较小（胫骨长未达到标准的90%）且肥的鸡只淘汰。

二、育成后期至产蛋前期的饲养管理

这一阶段是指15～20周龄的时期。

（一）开产前饲养管理

1. 体成熟管理　　体重管理：15周龄以后不再进行分群限饲，根据其周末体重制订平行于标准体重曲线的实际体重曲线，本节点不应出现低于标准体重的情况；使鸡群体重按照体重曲线平滑增长，确保周体重和周增重以及增重率达标；需要同时关注体重曲线和增重曲线；确保鸡群有较高的均匀度。

2. **喂料管理**　本阶段通过对料的评估预测体重变化，即料和体重变化。按要求执行换料计划，一般在1周内完成过渡，在这期间可以在饲料和饮水中添加抗菌药物或维生素，确保肠道健康。每天料量需要通过实际存栏和日料量确定，需要将死鸡和淘汰鸡的料量从总量中减掉。更换饲料后，需要关注鸡群粪便情况和饮水量变化，及时了解鸡群对料的适应性。提供足够的采食位置以保证采食均匀性，同时确保料量准确和保证增料幅度。公、母混群后，关注采食情况，不出现混采或偷食现象。限饲模式的过渡，由育成期的4＋3或者5＋2逐步过渡到21周的每天饲喂，过渡期间需要提前对料量进行计算，做到改变限饲模式后，每天料量不降低。喂料量只是参考值，不能过分依赖，要根据日粮水平和体重曲线情况共同决定。免疫或者转群操作尽量在鸡群空腹时段进行。每周应多次监测鸡群的丰满度和性成熟状况，观察鸡群的脸、肉髯和鸡冠的颜色，并适时调整给料程序。每天记录鸡群的采食时间。

3. **体重监测**　每周末抽测鸡群体重，评估是否达到计划要求，同时均匀度是否达到要求。抽测体重需要在空腹条件下进行，建议在下周第一天喂料前进行，避免饲料消化和饮水差异对体重的影响。如果出现体重或者增重不理想的情况，需要评估料量的准确性与采食的均匀性，以及抽测体重的科学性。体重监测的另一个目的是，评估下周料量是否能够满足鸡群的生长发育要求。理想情况下，可以在一周中选一天抽测体重，用以评估饲料满足与否。如果不能满足，可在监测日后继续添加饲喂量。

4. **体况评估**　每周需要对鸡群胫骨长进行抽测，用以对鸡群骨骼发育的评估，一般监测到18周。18周龄需要对鸡群逐只进行体况评估，评估胸部肌肉、腿部是否结实、鸡冠肉髯以及羽毛覆盖程度。

（二）性成熟管理

18周开始加光刺激，光照强度增加到30～60勒克斯，时长第一次增加至少 3 小时，后每周增加 1 小时，直到 22 周 14 小时。光照刺激后，需要评估饮水量。18 周后，逐步监测母鸡耻骨的开指情况。20 周产蛋率达到 5％，为评估母鸡鸡群性成熟的一个标准。公鸡性成熟的评估，主要是第二性征的发育程度和交配欲望。

体成熟与性成熟一致，需要确定加光刺激时鸡群体重是否达标，体重均匀性是否理想。如果体重不达标或者均匀度差，则推迟 1～2 周进行加光刺激。

（三）种公鸡管理

种公鸡选留，选择健康、瘦而结实、体况良好、没有畸形、体重接近标准；淘汰腿、喙、羽毛不全、体轻等不符合要求的公鸡。同时，将体重超过或较轻的公鸡作为备用。一般在 18 周龄左右公母混群，公母比例为 9％～11％。关注公鸡打斗情况，及时挑出打斗鸡只，对受伤鸡只进行处理，一般 2 个月后打斗现象会减少。混群后，及时调整料槽高度，防止母鸡偷吃公鸡料。观察有无过度交配情况，并挑出和淘汰病弱残鸡。

（四）种母鸡管理

饲喂量必须满足不断增长的产蛋率和生长的需求，确保体重、体增重、增重率达标。关注产蛋率增长规律，关注日平均蛋重及蛋重变化趋势，关注开产体重情况和开产蛋重，关注采食时间的变化规律。

三、开产阶段

这是指 20～25 周龄的阶段。20 周前开始换产蛋期料，料量必须满足鸡群产蛋和生产需求。关注鸡群采食时间。本阶段一般不安排免疫计划，所以应尽可能将免疫计划提前；但要加大抗体检测频率。记录每天产蛋率、平均蛋重。关注种公鸡交配行为。

四、产蛋期

这是指 30～66 周龄种鸡的产蛋阶段。管理工作包括以下几方面。

（一）体重管理

产蛋初期要确保体重、体增重、增重率达标，每周称重时应监测胸肌的发育状况，避免体重超重或偏瘦，可以选择淘汰种公鸡中严重超重的鸡只（超重 10％以上）或者交配不活跃的种公鸡。产蛋高峰后，保持体重稳定增长，不能失重。如果鸡群周增重达不到15～20 克，产蛋率和受精率会受到影响。检测体重应该每周正确进行。

（二）均匀度管理

产蛋期间应保持均匀度的持续稳定，体重增长不足和均匀度下降会造成部分鸡群身体状况下降，从而影响产蛋率的维持。

（三）监测产蛋率和总产蛋量

正常情况下，高产鸡群在达产蛋高峰前，其日产蛋应稳步增加。但是，有时也会出现异常情况，因此，必须每周分析产蛋的上升趋势。如产蛋率上升慢，应及时查找原因。高峰前上、下午所产的蛋分开记录，如果下午产蛋数偏多，说明产蛋潜力不足，分析饲料营养或者采食量是否满足；如果连续几天出现上午产蛋减少，下午产蛋增加，总体产蛋没有减少的情况，有可能是疾病问题。

（四）监测蛋重

从产蛋率 10％开始，每天捡蛋后抽取新下蛋 120～150 个监测蛋重并绘制曲线。如果连续 3 天以上蛋重不增，应立即查明原因。日产蛋率达到 50％以后，若连续几天蛋重不足或不增长，建议不要采取加料措施，否则易产生鸡群体重超重问题。

（五）监测吃料时间

一般情况下，20～28 周龄采食时间 1～2 小时，29～35 周龄为 2～3 小时，36～66 周龄为 2～5 小时。采食时间过短，评估料量；采食时间过长，评估鸡群状况、料量、饮水。

（六）合理添加高峰料量

高峰料量应依据实际产蛋率、总蛋重、母鸡体重增长的变化来确定。任何一个指标的异常，都需要管理者分析原因。产蛋率达到高峰后，执行高峰料量饲喂，一直到 45 周。添加高峰料后，每天的捡蛋时间和次数必须固定，减少影响判断的因素。高峰阶段，需要将每天的产蛋率、蛋重、总蛋重分别绘制成相应曲线，管理者应直观地通过曲线变化趋势，判断料量准确与否。鸡场管理人员应该定期触摸与检查鸡群，确保鸡群处于良好的体况条件。产蛋高峰期，料量一般情况下维持稳定，但不应忽略温度的影响。产蛋高峰期应密切关注体重和产蛋的指标变化，随时做好减料计划。

（七）高峰后期适时减料

为了维持产蛋高峰后的生产性能，种母鸡的增重必须与目标要求一致。如果体重控制不好，造成脂肪沉积过渡，会影响产蛋高峰后的产蛋率、蛋壳质量以及受精率等性能。产蛋高峰后，监测和控制鸡群的体重和蛋重，是优先考虑的管理因素。高峰料量及产蛋高峰到达后，为了使鸡群保持目标体重及减少脂肪的沉积，应根据产蛋率的下降情况减少饲喂量。当日产蛋率连续 5～7 天不再增加时，应该开始执行高峰后的减料，确保鸡群周体重 15～20 克的增重，以控制平均蛋重及总产蛋重。

五、光照、温湿度参考

光照、温湿度管理是肉种鸡各阶段的重要工作。以下是肉种鸡 0～25 周龄及 26 周龄之后的参考光照时间（表 3.10）。

表 3.10　肉种鸡各阶段的参考光照时间

日/周龄	光照时间	光照时间调节
1～3 日龄	24 小时	无关灯时间
4～7 日龄	22 小时	第 4 天将光照时间减少 2 小时，关灯时间为 23：00—1：00
2 周龄	20 小时	第 8 天将光照时间减少 2 小时，关灯时间为 22：00—2：00
3 周龄	18 小时	第 15 天将光照时间减少 2 小时，关灯时间为 21：00—3：00
4 周龄	16 小时	第 22 天将光照时间减少 2 小时，关灯时间为 20：00—4：00
5 周龄	14 小时	第 29 天将光照时间减少 2 小时，关灯时间为 19：00—5：00
6 周龄	12 小时	第 36 天将光照时间减少 2 小时，关灯时间为 18：00—6：00
7 周龄	10 小时	第 43 天将光照时间减少 2 小时，关灯时间为 17：00—7：00
8～16 周龄	9.5 小时	第 50 天将光照时间减少 0.5 小时，关灯时间为 16：30—7：00
17～19 周龄	10.5 小时	根据体重加光照，不早于 16 周末，不晚于 18 周末

（续）

日/周龄	光照时间	光照时间调节
20～25 周龄	11—14 小时	每周加半小时光照，加到 14 小时，维持产蛋高峰的光照时间为 14 小时
26 周龄以后	14—16 小时	根据产蛋、体重情况加光照时间，维持高峰时间

肉种鸡各阶段的光照强度见表 3.11。

表 3.11　肉种鸡各阶段的光照强度标准

时间	光照强度（勒克斯）
1～3 日龄	60
4～7 日龄	30
2 周龄	20
3～6 周龄	10
7～18 周龄	5
19 周龄以后	20

肉种鸡不同阶段的温度、湿度要求见表 3.12。

表 3.12　不同饲养阶段鸡的适宜温度和湿度

饲养阶段（日龄）	温度（℃）	相对湿度（%）
1～3	35～37	55～65
4～7	33～35	50～65
8～14	31～33	50～65
15～21	29～31	50～65
22～28	27～29	50～65
29～35	25～27	50～65
36～42	23～25	50～65
43～126	18～25	40～60
127～420	18～25	55～60

第四章
肉鸡减抗营养调控与健康管理

我国肉鸡品种非常丰富，根据来源，分为外来引进品种和地方品种；根据生长速度，可分为快速、中速和慢速生长型；根据养殖模式，有笼养型、平养型及两者结合型等。相应减抗营养调控与健康管理涉及类别也非常复杂。

第一节 肉用种鸡营养与健康管理

一、种鸡的营养生理特点

种鸡的生理特点是生殖应激大、阶段抗逆性差，而且随着产蛋阶段的变化，生理变化大。另外，产蛋高峰期的种鸡生理代谢强度大，基础性营养消耗大。

二、种鸡的营养需要

1. 种鸡营养需要特点　肉用种鸡生产的根本目的是生产更多优质种蛋。总体要求饲料营养全面、平衡、含量充足，饲料原料新鲜，防止霉变引起的霉菌毒素中毒，特别是黄曲霉毒素 B_1 等。

在此基础上，针对种鸡的生理特点，需要阶段性加强维生素、矿物质营养，补充缓解生殖系统炎症、提高种蛋品质的饲料添加剂。

2. 种鸡营养需要　　引进白羽肉鸡品种，如 AA 肉鸡等营养需要以 NRC（1994）中肉种鸡营养需要（表 4.1）为基础，黄羽肉鸡营养需要参考《黄羽肉鸡营养需要量》（NY/T 3645—2020，表 4.2 至表 4.4）。此外，种公鸡需要强化 Zn^{2+}、维生素 A 等促进产精和提高精子活力的微量养分营养；种母鸡需要强化补充 Ca^{2+}、Zn^{2+}、维生素 A、维生素 E 等养分，以强化产蛋能力和保障种蛋品质。

表 4.1　美国 NRC（1994）建议的产蛋高峰期肉种鸡

每天营养需要量

营养物质	需要量	营养物质	需要量
代谢能（兆焦）	1.67～1.88	苯丙氨酸＋酪氨酸（毫克）	1 112
蛋白质和氨基酸：		苏氨酸（毫克）	720
蛋白质（毫克）	19.5	色氨酸（毫克）	190
精氨酸（毫克）	1 110	缬氨酸（毫克）	750
组氨酸（毫克）	205	矿物质：	
异亮氨酸（毫克）	850	钙（克）	4.0
亮氨酸（毫克）	1 250	氯（毫克）	185
赖氨酸（毫克）	765	非植酸磷（毫克）	350
蛋氨酸（毫克）	450	钠（毫克）	150
蛋氨酸＋胱氨酸（毫克）	700	维生素：	
苯丙氨酸（毫克）	610	生物素（微克）	16

表 4.2　NY/T3645—2020 建议重型黄羽种用母鸡每日营养需要量

（限饲，以 88％干物质为计算基础）

项目	0～6 周龄	7～20 周龄	21 周龄 至开产	开产至 40 周龄	41～66 周龄
饲喂量[a]（克/天）	39	67	98	128	120
氮校正代谢能[b]（MEn） （兆焦/天）	0.46	0.73	1.09	1.42	1.33
代谢能[b]（ME）（兆焦/天）	0.47	0.76	1.12	1.47	1.38
净能[b]（NE）（兆焦/天）	0.36	0.58	0.87	1.13	1.06
粗蛋白质（CP）（克/天）	7.80	10.05	15.68	21.12	19.80
总氨基酸（克/天）					
赖氨酸（Lys）	0.37	0.40	0.71	1.00	0.94
蛋氨酸（Met）	0.15	0.17	0.34	0.48	0.45
蛋氨酸＋半胱氨酸(Met＋ Cys)	0.27	0.30	0.57	0.81	0.76
苏氨酸（Thr）	0.26	0.28	0.56	0.79	0.74
色氨酸（Trp）	0.06	0.07	0.16	0.22	0.21
精氨酸（Arg）	0.39	0.42	0.93	1.32	1.24
亮氨酸（Leu）	0.41	0.44	0.81	1.14	1.07
异亮氨酸（Ile）	0.25	0.28	0.50	0.71	0.67
苯丙氨酸（Phe）	0.22	0.24	0.42	0.60	0.56
苯丙氨酸＋酪氨酸(Phe＋ Thr)	0.39	0.42	0.88	1.25	1.17
组氨酸（His）	0.13	0.14	0.25	0.35	0.33
脯氨酸（Pro）	0.69	0.74	1.30	1.84	1.72
缬氨酸（Val）	0.29	0.32	0.61	0.86	0.80
甘氨酸＋丝氨酸（Gly＋ Ser)	0.92	0.98	1.73	2.45	2.29
真可利用氨基酸（克/天）					
赖氨酸（Lys）	0.33	0.36	0.63	0.87	0.82
蛋氨酸（Met）	0.13	0.15	0.31	0.44	0.41

（续）

项目	0~6周龄	7~20周龄	21周龄至开产	开产至40周龄	41~66周龄
蛋氨酸＋半胱氨酸(Met＋Cys)	0.24	0.31	0.50	0.71	0.66
苏氨酸（Thr）	0.22	0.24	0.43	0.61	0.57
色氨酸（Trp）	0.05	0.06	0.13	0.19	0.18
精氨酸（Arg）	0.34	0.38	0.85	1.19	1.12
亮氨酸（Leu）	0.36	0.38	0.70	1.01	0.94
异亮氨酸（Ile）	0.22	0.24	0.47	0.66	0.62
苯丙氨酸（Phe）	0.20	0.21	0.37	0.52	0.49
苯丙氨酸＋酪氨酸(Phe＋Thr)	0.34	0.37	0.78	1.10	1.03
组氨酸（His）	0.11	0.12	0.22	0.30	0.29
脯氨酸（Pro）	0.60	0.64	1.14	1.60	1.50
缬氨酸（Val）	0.26	0.28	0.53	0.75	0.70
甘氨酸＋丝氨酸（Gly＋Ser）	0.80	0.85	1.51	2.13	2.00
矿物质[c]					
总钙（克/天）	0.39	0.62	2.11	4.26	4.00
总磷（克/天）	0.29	0.45	0.66	0.95	0.89
非植酸磷（克/天）	0.18	0.27	0.40	0.58	0.54
钠（克/天）	0.06	0.10	0.15	0.19	0.18
氯（克/天）	0.06	0.10	0.15	0.19	0.18
钾（克/天）	0.19	0.30	0.44	0.64	0.60
镁（毫克/天）	23	27	39	64	60
铁（毫克/天）	3.12	4.02	5.88	7.68	7.20
铜（毫克/天）	0.31	0.47	0.69	1.02	0.96
锰（毫克/天）	3.04	4.36	6.37	11.52	10.80
锌（毫克/天）	2.42	3.69	5.39	10.24	9.60

（续）

项目	0～6 周龄	7～20 周龄	21 周龄至开产	开产至40周龄	41～66 周龄
碘（微克/天）	23	27	39	128	120
硒（微克/天）	6	10	15	15	14
维生素[d]和脂肪酸					
维生素 A（国际单位/天）	390	603	882	1408	1320
维生素 D_3（国际单位/天）	101	147	216	358	336
维生素 E（国际单位/天）	1.76	1.68	2.45	3.84	3.60
维生素 K（微克/天）	105	134	196	269	252
硫胺素（毫克/天）	0.06	0.07	0.11	0.14	0.13
核黄素（毫克/天）	0.20	0.28	0.41	1.15	1.08
烟酸（毫克/天）	1.17	1.47	2.16	3.20	3.00
泛酸（毫克/天）	0.35	0.47	0.69	1.54	1.44
吡哆醇（毫克/天）	0.09	0.12	0.18	0.38	0.36
生物素（微克/天）	3	3	4	14	13
叶酸（微克/天）	23	20	29	141	132
维生素 B_{12}（微克/天）	0.59	0.67	0.98	2.18	2.04
胆碱（毫克/天）	51	60	88	134	126
亚油酸[e]（克/天）	0.39	0.67	0.98	1.28	1.20

注：产蛋期氮校正代谢能的每日需要量计算模型为氮校正代谢能（兆焦/天）＝0.423×体重（千克）$^{0.75}$＋0.022×日增重（克/天）＋0.010 7×日产蛋量（克/天）或氮校正代谢能（千卡/天）＝101×体重（千克）$^{0.75}$＋5.33×日增重（克/天）＋2.55×日产蛋量（克/天）。1千卡＝4 184焦，下同。

[a] 饲喂量数据是在 NY/T 3645—2020 重型种用母鸡饲粮营养需要量表中的饲粮能量水平下得到的。0～6 周龄为自由采食，其他阶段为限饲。

[b] 给出的饲粮能量水平是生产中的中等水平。最佳饲粮能量水平可能随着饲料原料的不同而变化，但应保持饲粮营养素含量与能量水平的比值不变。

[c] 矿物质元素需要量包括饲料原料中提供的矿物质元素量。

[d] 维生素需要量包括饲料原料中提供的维生素量。

[e] 亚油酸需要量包括饲料原料中提供的亚油酸量。

表 4.3 NY/T 3645—2020 建议中型黄羽种用母鸡每日营养需要量
（限饲，以88%干物质为计算基础）

项目	0～6 周龄	7～18 周龄	19 周龄 至开产	开产至 40 周龄	41～66 周龄
饲喂量[a]（克/天）	34	59	78	114	106
氮校正代谢能[b]（兆焦/天）	0.40	0.64	0.86	1.26	1.18
代谢能[b]（兆焦/天）	0.41	0.67	0.89	1.30	1.21
净能[b]（兆焦/天）	0.32	0.51	0.68	1.00	0.93
粗蛋白质（克/天）	6.5	8.9	12.5	18.2	17.0
总氨基酸（克/天）					
赖氨酸（Lys）	0.31	0.35	0.56	0.89	0.83
蛋氨酸（Met）	0.13	0.15	0.27	0.42	0.39
蛋氨酸＋半胱氨酸（Met＋Cys）	0.23	0.26	0.45	0.72	0.67
苏氨酸（Thr）	0.21	0.25	0.45	0.70	0.65
色氨酸（Trp）	0.05	0.06	0.13	0.20	0.18
精氨酸（Arg）	0.32	0.37	0.74	1.18	1.10
亮氨酸（Leu）	0.34	0.39	0.64	1.01	0.94
异亮氨酸（Ile）	0.21	0.24	0.40	0.63	0.59
苯丙氨酸（Phe）	0.32	0.21	0.34	0.53	0.50
苯丙氨酸＋酪氨酸（Phe＋Tyr）	0.32	0.37	0.70	1.11	1.04
组氨酸（His）	0.11	0.12	0.20	0.31	0.29
脯氨酸（Pro）	0.57	0.65	1.03	1.64	1.52
缬氨酸（Val）	0.24	0.28	0.48	0.76	0.71
甘氨酸＋丝氨酸（Gly＋Ser）	0.76	0.87	1.38	2.18	2.03
真可利用氨基酸（克/天）					
赖氨酸（Lys）	0.27	0.31	0.50	0.78	0.72
蛋氨酸（Met）	0.11	0.13	0.25	0.39	0.36
蛋氨酸＋半胱氨酸（Met＋Cys）	0.20	0.23	0.40	0.63	0.58

（续）

项目	0～6 周龄	7～18 周龄	19 周龄至开产	开产至 40 周龄	41～66 周龄
苏氨酸（Thr）	0.19	0.22	0.34	0.54	0.50
色氨酸（Trp）	0.04	0.05	0.11	0.17	0.16
精氨酸（Arg）	0.29	0.33	0.68	1.06	0.99
亮氨酸（Leu）	0.30	0.34	0.57	0.88	0.82
异亮氨酸（Ile）	0.18	0.22	0.38	0.59	0.55
苯丙氨酸（Phe）	0.16	0.19	0.30	0.47	0.43
苯丙氨酸＋酪氨酸（Phe＋Tyr）	0.29	0.33	0.63	0.98	0.91
组氨酸（His）	0.10	0.11	0.17	0.27	0.25
脯氨酸（Pro）	0.50	0.58	0.92	1.43	1.33
缬氨酸（Val）	0.21	0.25	0.43	0.67	0.62
甘氨酸＋丝氨酸（Gly＋Ser）	0.67	0.77	1.22	1.90	1.77
矿物质[c]					
总钙（克/天）	0.31	0.45	1.68	3.34	3.11
总磷（克/天）	0.23	0.32	0.43	0.67	0.63
非植酸磷（克/天）	0.14	0.17	0.23	0.40	0.37
钠（克/天）	0.05	0.09	0.12	0.17	0.16
氯（克/天）	0.05	0.09	0.12	0.17	0.16
钾（克/天）	0.16	0.27	0.35	0.57	0.53
镁（毫克/天）	20	24	31	57	53
铁（毫克/天）	2.72	3.54	4.68	6.84	6.36
铜（毫克/天）	0.27	0.41	0.55	0.91	0.85
锰（毫克/天）	2.65	3.84	5.07	10.26	9.54
锌（毫克/天）	2.11	3.25	4.29	9.12	8.48

（续）

项目	0～6 周龄	7～18 周龄	19 周龄 至开产	开产至 40 周龄	41～66 周龄
碘（微克/天）	20	24	31	114	106
硒（微克/天）	5	9	12	14	13
维生素[d]和脂肪酸					
维生素 A（国际单位/天）	340	531	702	1 254	1 166
维生素 D_3（国际单位/天）	88	130	172	319	297
维生素 E（国际单位/天）	1.53	1.48	1.95	3.42	3.18
维生素 K（微克/天）	92	118	156	239	223
硫胺素（毫克/天）	0.05	0.06	0.09	0.13	0.12
核黄素（毫克/天）	0.17	0.25	0.33	1.03	0.95
烟酸（毫克/天）	1.02	1.30	1.72	2.85	2.65
泛酸（毫克/天）	0.31	0.41	0.55	1.37	1.27
吡哆醇（毫克/天）	0.08	0.11	0.14	0.34	0.32
生物素（微克/天）	3	2	3	13	12
叶酸（微克/天）	20	18	23	125	117
维生素 B_{12}（微克/天）	0.51	0.59	0.78	1.94	1.80
胆碱（毫克/天）	44	53	70	120	111
亚油酸[e]（克/天）	0.34	0.59	0.78	1.14	1.06

注：产蛋期氮校正代谢能的每日需要量计算模型为氮校正代谢能（兆焦/天）＝0.423×体重（千克）$^{0.75}$＋0.022×日增重（克/天）＋0.011 3×日产蛋量（克/天）或氮校正代谢能（千卡/天）＝101×体重（千克）$^{0.75}$＋5.33×日增重（克/天）＋2.70×日产蛋量（克/天）。

[a] 饲喂量数据是在 NY/T 3645—2020 中型种用母鸡饲粮营养需要量表中的饲粮能量水平下得到的。0～6 周龄为自由采食，其他阶段为限饲。

[b] 给出的饲粮能量水平是生产中的中等水平。最佳饲粮能量水平可能随着饲料原料的不同而变化，但应保持饲粮营养素含量与能量水平的比值不变。

[c] 矿物质元素需要量包括饲料原料中提供的矿物质元素量。

[d] 维生素需要量包括饲料原料中提供的维生素量。

[e] 亚油酸需要量包括饲料原料中提供的亚油酸量。

表 4.4　NY/T 3645—2020 建议轻型黄羽种用母鸡每日营养需要量

（限饲，以 88% 干物质为计算基础）

项目	0～6 周龄	7～17 周龄	18 周龄 至开产	开产至 40 周龄	41～66 周龄
饲喂量[a]（克/天）	27	45	55	84	81
氮校正代谢能[b]（兆焦/天）	0.31	0.48	0.60	0.91	0.88
代谢能[b]（兆焦/天）	0.32	0.50	0.62	0.94	0.91
净能[b]（兆焦/天）	0.25	0.38	0.47	0.72	0.70
粗蛋白质（克/天）	4.6	6.5	8.5	13.0	12.6
总氨基酸（克/天）					
赖氨酸（Lys）	0.24	0.26	0.39	0.65	0.62
蛋氨酸（Met）	0.10	0.11	0.18	0.31	0.30
蛋氨酸＋半胱氨酸（Met＋Cys）	0.18	0.19	0.31	0.52	0.50
苏氨酸（Thr）	0.16	0.18	0.31	0.51	0.49
色氨酸（Trp）	0.04	0.04	0.09	0.14	0.14
精氨酸（Arg）	0.25	0.27	0.51	0.86	0.83
亮氨酸（Leu）	0.26	0.28	0.44	0.74	0.71
异亮氨酸（Ile）	0.16	0.18	0.27	0.46	0.44
苯丙氨酸（Phe）	0.14	0.16	0.23	0.39	0.37
苯丙氨酸＋酪氨酸（Phe＋Tyr）	0.25	0.27	0.48	0.81	0.78
组氨酸（His）	0.08	0.09	0.13	0.23	0.22
脯氨酸（Pro）	0.44	0.48	0.71	1.19	1.15
缬氨酸（Val）	0.19	0.21	0.33	0.56	0.54
甘氨酸＋丝氨酸（Gly＋Ser）	0.59	0.64	0.94	1.58	1.53
真可利用氨基酸（克/天）					
赖氨酸（Lys）	0.21	0.23	0.34	0.56	0.54
蛋氨酸（Met）	0.09	0.10	0.17	0.28	0.27
蛋氨酸＋半胱氨酸（Met＋Cys）	0.15	0.17	0.28	0.46	0.44

（续）

项目	0～6 周龄	7～17 周龄	18周龄 至开产	开产至 40周龄	41～66 周龄
苏氨酸（Thr）	0.14	0.16	0.23	0.39	0.38
色氨酸（Trp）	0.03	0.04	0.07	0.12	0.12
精氨酸（Arg）	0.22	0.24	0.47	0.77	0.74
亮氨酸（Leu）	0.23	0.25	0.39	0.64	0.62
异亮氨酸（Ile）	0.14	0.16	0.26	0.43	0.41
苯丙氨酸（Phe）	0.13	0.14	0.20	0.34	0.33
苯丙氨酸＋酪氨酸(Phe＋Tyr)	0.22	0.24	0.43	0.71	0.68
组氨酸（His）	0.07	0.08	0.12	0.20	0.19
脯氨酸（Pro）	0.39	0.42	0.63	1.04	1.00
缬氨酸（Val）	0.17	0.18	0.29	0.48	0.47
甘氨酸＋丝氨酸（Gly＋Ser）	0.52	0.54	0.84	1.38	1.33
矿物质[c]					
总钙（克/天）	0.23	0.32	1.18	2.46	2.37
总磷（克/天）	0.18	0.23	0.28	0.50	0.48
非植酸磷（克/天）	0.11	0.12	0.14	0.29	0.28
钠（克/天）	0.04	0.07	0.08	0.13	0.12
氯（克/天）	0.04	0.07	0.08	0.13	0.12
钾（克/天）	0.13	0.20	0.25	0.42	0.41
镁（毫克/天）	16	18	22	42	41
铁（毫克/天）	2.16	2.70	3.30	5.04	4.86
铜（毫克/天）	0.22	0.32	0.39	0.67	0.65
锰（毫克/天）	2.11	2.93	3.58	7.56	7.29
锌（毫克/天）	1.67	2.48	3.03	6.72	6.48
碘（微克/天）	16	18	22	84	81

（续）

项目	0~6 周龄	7~17 周龄	18 周龄至开产	开产至40 周龄	41~66 周龄
硒（微克/天）	4	7	8	10	10
维生素[d]和脂肪酸					
维生素 A（国际单位/天）	270	405	495	924	891
维生素 D_3（国际单位/天）	70	99	121	235	227
维生素 E（国际单位/天）	1.22	1.13	1.38	2.52	2.43
维生素 K（微克/天）	73	90	110	176	170
硫胺素（毫克/天）	0.04	0.05	0.06	0.09	0.09
核黄素（毫克/天）	0.14	0.19	0.23	0.76	0.73
烟酸（毫克/天）	0.81	0.99	1.21	2.10	2.03
泛酸（毫克/天）	0.24	0.32	0.39	1.01	0.97
吡哆醇（毫克/天）	0.06	0.08	0.10	0.25	0.24
生物素（微克/天）	2	2	2	9	9
叶酸（微克/天）	16	14	17	92	89
维生素 B_{12}（微克/天）	0.41	0.45	0.55	1.43	1.38
胆碱（毫克/天）	35	41	50	88	85
亚油酸[e]（克/天）	0.27	0.45	0.55	0.84	0.81

注：产蛋期氮校正代谢能的每日需要量计算模型为氮校正代谢能（兆焦/天）＝0.423×体重（千克）$^{0.75}$＋0.022×日增重（克/天）＋0.012 3×日产蛋量（克/天）和氮校正代谢能（千卡/天）＝101×体重（千克）$^{0.75}$＋5.33×日增重（克/天）＋2.94×日产蛋量（克/天）。

[a] 饲喂量数据是在 NY/T 3645—2020 轻型种用母鸡饲粮营养需要量表中的饲粮能量水平下得到的。0~6 周龄为自由采食，其他阶段为限饲。

[b] 给出的饲粮能量水平是生产中的中等水平，最佳饲粮能量水平可能随着饲料原料的不同而变化，但应保持饲粮营养素含量与能量水平的比值不变。

[c] 矿物质元素需要量包括饲料原料中提供的矿物质元素量。

[d] 维生素需要量包括饲料原料中提供的维生素量。

[e] 亚油酸需要量包括饲料原料中提供的亚油酸量。

三、种鸡的健康管理

精准营养配制，特别推荐使用低蛋白日粮，可降低氨、吲哚等蛋白代谢产物，降低肉种鸡健康损伤。

配合使用一定的电解质平衡剂、抗氧化剂等，削减种鸡的繁殖性应激。

环境管理和饲喂管理上，通过物理降温、少量多餐方式减少应激，提高生产性能。

第二节　肉仔鸡营养与健康管理

肉仔鸡的生理特点是发育不完善，包括营养相关的消化和吸收功能发育不完善，需要人工饲养过程中人为主动适应其消化吸收生理特点，或通过添加外源性消化酶、酸化剂等机体环境改进剂，补偿其暂时性生理缺陷。

肉仔鸡营养需要：引进白羽肉鸡品种，如 AA 肉鸡等营养需要以 NRC（1994）中肉种鸡营养需要（表 4.5）为基础，黄羽肉鸡营养需要参考《黄羽肉鸡营养需要量》（NY/T 3645—2020，表4.6 至表 4.8）。此外，补偿肉仔鸡消化生理不足的外源酶制剂、中草药与植物提取物等杀菌抑菌制剂，以控制肠道损伤与腹泻。

表 4.5　美国 NRC（1994）建议的肉鸡每天营养需要量

营养成分	0～3 周	3～6 周	6～8 周
代谢能（兆焦/千克）	13.39	13.39	13.39
粗蛋白质（%）	23.00	20.00	18.00
精氨酸（%）	1.25	1.10	1.00
甘氨酸＋丝氨酸（%）	1.25	1.14	0.97
组氨酸（%）	0.35	0.32	0.27
异亮氨酸（%）	0.80	0.73	0.62
亮氨酸（%）	1.20	1.09	0.93
赖氨酸（%）	1.10	1.00	0.85
蛋氨酸（%）	0.50	0.38	0.32
蛋氨酸＋胱氨酸（%）	0.90	0.72	0.60
苯丙氨酸（%）	0.72	0.65	0.56
苯丙氨酸＋酪氨酸（%）	1.34	1.22	1.04
脯氨酸（%）	0.60	0.55	0.46
苏氨酸（%）	0.80	0.74	0.68
色氨酸（%）	0.20	0.18	0.16
缬氨酸（%）	0.90	0.82	0.70

表 4.6　NY/T 3645—2020 建议快速型黄羽肉鸡每日营养需要量
（自由采食，以 88% 干物质为计算基础）

项目	1～21 日龄		22～42 日龄		≥43 日龄	
	公	母	公	母	公	母
采食量[a]（克/天）	30	27	93	93	131	113
氮校正代谢能[b]（兆焦/天）	0.36	0.32	1.15	1.15	1.64	1.42
代谢能[b]（兆焦/天）	0.37	0.34	1.20	1.19	1.73	1.49
净能[b]（兆焦/天）	0.28	0.25	0.91	0.91	1.30	1.31
粗蛋白质（克/天）	6.45	6.02	18.14	18.14	23.49	20.70

（续）

项目	1～21 日龄		22～42 日龄		≥43 日龄	
	公	母	公	母	公	母
总氨基酸（克/天）						
赖氨酸（Lys）	0.39	0.36	1.07	1.07	1.28	1.10
蛋氨酸（Met）	0.15	0.15	0.45	0.45	0.54	0.46
蛋氨酸＋半胱氨酸（Met＋Cys）	0.28	0.26	0.79	0.80	0.94	0.82
苏氨酸（Thr）	0.26	0.24	0.75	0.75	0.89	0.77
色氨酸（Trp）	0.06	0.06	0.18	0.19	0.22	0.19
精氨酸（Arg）	0.41	0.38	1.16	1.15	1.38	1.19
亮氨酸（Leu）	0.42	0.39	1.17	1.16	1.39	1.20
异亮氨酸（Ile）	0.26	0.24	0.74	0.73	0.88	0.76
苯丙氨酸（Phe）	0.23	0.22	0.64	0.64	0.77	0.66
苯丙氨酸＋酪氨酸（Phe＋Tyr）	0.41	0.38	1.12	1.13	1.34	1.16
组氨酸（His）	0.14	0.13	0.37	0.37	0.45	0.39
脯氨酸（Pro）	0.71	0.66	1.97	1.97	2.35	2.03
缬氨酸（Val）	0.30	0.28	0.86	0.86	1.02	0.88
甘氨酸＋丝氨酸（Gly＋Ser）	0.95	0.88	2.62	2.62	3.13	2.70
真可利用氨基酸（克/天）						
赖氨酸（Lys）	0.35	0.33	0.97	0.97	1.17	1.01
蛋氨酸（Met）	0.14	0.13	0.41	0.41	0.49	0.43
蛋氨酸＋半胱氨酸（Met＋Cys）	0.25	0.24	0.72	0.72	0.87	0.75
苏氨酸（Thr）	0.24	0.22	0.68	0.68	0.82	0.71
色氨酸（Trp）	0.06	0.05	0.16	0.16	0.20	0.17
精氨酸（Arg）	0.37	0.34	1.04	1.04	1.26	1.09
亮氨酸（Leu）	0.38	0.36	1.05	1.05	1.28	1.10

（续）

项目	1～21 日龄		22～42 日龄		≥43 日龄	
	公	母	公	母	公	母
异亮氨酸（Ile）	0.24	0.22	0.67	0.67	0.81	0.70
苯丙氨酸（Phe）	0.21	0.20	0.58	0.58	0.70	0.61
苯丙氨酸＋酪氨酸（Phe＋Tyr）	0.37	0.34	1.02	1.02	1.23	1.06
组氨酸（His）	0.12	0.11	0.34	0.34	0.41	0.35
脯氨酸（Pro）	0.65	0.60	1.78	1.78	2.15	1.86
缬氨酸（Val）	0.27	0.25	0.77	0.77	0.94	0.81
甘氨酸＋丝氨酸（Gly＋Ser）	0.86	0.80	2.37	2.37	2.87	2.48
矿物质[c]						
总钙（克/天）	0.30	0.28	0.86	0.86	1.12	0.97
总磷（克/天）	0.22	0.21	0.62	0.62	0.82	0.71
非植酸磷（克/天）	0.14	0.13	0.38	0.38	0.48	0.41
钠（克/天）	0.07	0.06	0.15	0.15	0.19	0.16
氯（克/天）	0.07	0.06	0.15	0.15	0.19	0.16
钾（克/天）	0.15	0.14	0.43	0.43	0.53	0.46
镁（毫克/天）	18	17	56	56	80	69
铁（毫克/天）	2.40	2.24	7.44	7.44	10.64	9.20
铜（毫克/天）	0.21	0.20	0.65	0.65	0.93	0.81
锰（毫克/天）	2.40	2.24	5.58	5.58	7.32	6.33
锌（毫克/天）	2.55	2.38	7.44	7.44	9.98	8.63
碘（微克/天）	21	20	56	56	67	58
硒（微克/天）	5	4	14	14	20	17
维生素[d]与脂肪酸						
维生素 A（国际单位/天）	360	324	837	837	798	690
维生素 D₃（国际单位/天）	18	17	47	47	67	58
维生素 E（国际单位/天）	1.35	1.26	3.26	3.26	3.33	2.88

（续）

项目	1～21 日龄		22～42 日龄		≥43 日龄	
	公	母	公	母	公	母
维生素 K（微克/天）	75	70	205	205	226	196
硫胺素（毫克/天）	0.07	0.07	0.21	0.21	0.13	0.12
核黄素（毫克/天）	0.15	0.14	0.47	0.47	0.53	0.46
烟酸（毫克/天）	1.26	1.18	3.26	3.26	2.66	2.30
泛酸（毫克/天）	0.36	0.34	0.93	0.93	1.06	0.92
吡哆醇（毫克/天）	0.08	0.08	0.22	0.22	0.08	0.07
生物素（微克/天）	4	3	9	9	3	2
叶酸（微克/天）	30	28	65	65	40	35
维生素 B_{12}（微克/天）	0.48	0.45	1.40	1.40	1.06	0.92
胆碱（毫克/天）	39	36	93	93	100	86
亚油酸[e]（克/天）	0.30	0.28	0.93	0.93	1.33	1.15

注：氮校正代谢能的每日需要量计算模型为氮校正代谢能（兆焦/天）= 0.415×体重（千克）$^{0.75}$ + 0.001 85×日增重（克/天）$^{1.65}$ 或氮校正代谢能（千卡/天）= 99.2×体重（千克）$^{0.75}$ + 0.443×日增重（克/天）$^{1.65}$。

[a] 采食量数据是在快速型黄羽肉鸡饲粮营养需要量表中的饲粮能量水平下得到的。

[b] 给出的饲粮能量水平是生产中的中等水平。最佳饲粮能量水平可能随着饲料原料的不同而变化，但应保持饲粮营养素含量与能量水平的比值不变。

[c] 矿物质元素需要量包括饲料原料中提供的矿物质元素量。

[d] 维生素需要量包括饲料原料中提供的维生素量。

[e] 亚油酸需要量包括饲料原料中提供的亚油酸量。

表 4.7　NY/T 3645—2020 建议中速型黄羽肉鸡每日营养需要量

（自由采食，以 88％干物质为计算基础）

项目	1～30 日龄		31～60 日龄		≥61 日龄	
	公	母	公	母	公	母
采食量[a]（克/天）	27	19	80	50	89	69
氮校正代谢能[b]（兆焦/天）	0.32	0.23	0.97	0.61	1.10	0.85
代谢能[b]（兆焦/天）	0.33	0.24	1.01	0.63	1.14	0.88

（续）

项目	1～30 日龄		31～60 日龄		≥61 日龄	
	公	母	公	母	公	母
净能[b]（兆焦/天）	0.25	0.18	0.77	0.48	0.87	0.67
粗蛋白质（克/天）	5.67	3.99	14.00	8.75	14.24	11.04
总氨基酸（克/天）						
赖氨酸（Lys）	0.30	0.21	0.78	0.49	0.74	0.57
蛋氨酸（Met）	0.12	0.08	0.33	0.20	0.31	0.24
蛋氨酸＋半胱氨酸（Met＋Cys）	0.21	0.15	0.57	0.36	0.55	0.42
苏氨酸（Thr）	0.20	0.14	0.54	0.34	0.52	0.40
色氨酸（Trp）	0.05	0.03	0.13	0.08	0.13	0.10
精氨酸（Arg）	0.31	0.22	0.84	0.52	0.80	0.62
亮氨酸（Leu）	0.32	0.23	0.85	0.53	0.81	0.62
异亮氨酸（Ile）	0.20	0.14	0.54	0.33	0.51	0.40
苯丙氨酸（Phe）	0.18	0.13	0.47	0.29	0.44	0.34
苯丙氨酸＋酪氨酸（Phe＋Tyr）	0.31	0.22	0.81	0.51	0.78	0.60
组氨酸（His）	0.10	0.07	0.27	0.17	0.26	0.20
脯氨酸（Pro）	0.55	0.38	1.43	0.89	1.36	1.05
缬氨酸（Val）	0.23	0.16	0.62	0.39	0.59	0.46
甘氨酸＋丝氨酸（Gly＋Ser）	0.73	0.51	1.90	1.19	1.81	1.40
真可利用氨基酸（克/天）						
赖氨酸（Lys）	0.26	0.19	0.67	0.42	0.68	0.52
蛋氨酸（Met）	0.11	0.07	0.28	0.18	0.28	0.22
蛋氨酸＋半胱氨酸（Met＋Cys）	0.19	0.13	0.50	0.31	0.50	0.39
苏氨酸（Thr）	0.18	0.13	0.47	0.29	0.47	0.37
色氨酸（Trp）	0.04	0.03	0.11	0.07	0.11	0.09

（续）

项目	1～30 日龄		31～60 日龄		≥61 日龄	
	公	母	公	母	公	母
精氨酸（Arg）	0.28	0.20	0.73	0.45	0.73	0.57
亮氨酸（Leu）	0.29	0.20	0.73	0.46	0.74	0.57
异亮氨酸（Ile）	0.18	0.13	0.46	0.29	0.47	0.36
苯丙氨酸（Phe）	0.16	0.11	0.40	0.25	0.41	0.31
苯丙氨酸＋酪氨酸（Phe＋Tyr）	0.28	0.20	0.71	0.44	0.71	0.55
组氨酸（His）	0.09	0.06	0.24	0.15	0.24	0.18
脯氨酸（Pro）	0.49	0.34	1.24	0.77	1.24	0.96
缬氨酸（Val）	0.20	0.14	0.54	0.34	0.54	0.42
甘氨酸＋丝氨酸（Gly＋Ser）	0.65	0.46	1.65	1.03	1.66	1.28
矿物质[c]						
总钙（克/天）	0.25	0.17	0.61	0.38	0.62	0.48
总磷（克/天）	0.18	0.13	0.44	0.27	0.44	0.34
非植酸磷（克/天）	0.11	0.08	0.23	0.14	0.22	0.17
钠（克/天）	0.06	0.04	0.13	0.08	0.12	0.10
氯（克/天）	0.06	0.04	0.13	0.08	0.12	0.10
钾（克/天）	0.14	0.10	0.37	0.23	0.36	0.28
镁（毫克/天）	16	11	48	30	53	41
铁（毫克/天）	2.16	1.52	6.40	4.00	7.12	5.52
铜（毫克/天）	0.19	0.13	0.56	0.35	0.62	0.48
锰（毫克/天）	2.16	1.52	4.80	3.00	4.90	3.80
锌（毫克/天）	2.30	1.62	6.40	4.00	6.68	5.18
碘（微克/天）	19	13	48	30	45	35
硒（微克/天）	4	3	12	8	13	10
维生素[d] 和脂肪酸						
维生素 A（国际单位/天）	324	228	720	450	534	414

（续）

项目	1～30 日龄		31～60 日龄		≥61 日龄	
	公	母	公	母	公	母
维生素 D_3（国际单位/天）	16	11	40	25	45	35
维生素 E（国际单位/天）	1.22	0.86	2.80	1.75	2.23	1.73
维生素 K（微克/天）	68	48	176	110	151	117
硫胺素（毫克/天）	0.06	0.05	0.18	0.12	0.09	0.07
核黄素（毫克/天）	0.14	0.10	0.40	0.25	0.36	0.28
烟酸（毫克/天）	1.13	0.80	2.80	1.75	1.78	1.38
泛酸（毫克/天）	0.32	0.23	0.80	0.50	0.71	0.55
吡哆醇（毫克/天）	0.08	0.05	0.18	0.12	0.05	0.04
生物素（微克/天）	3	2	8	5	2	1
叶酸（微克/天）	27	19	56	35	27	21
维生素 B_{12}（微克/天）	0.43	0.30	1.20	0.75	0.71	0.55
胆碱（毫克/天）	35	25	80	50	67	52
亚油酸[e]（克/天）	0.27	0.19	0.80	0.50	0.89	0.69

注：氮校正代谢能的每日需要量计算模型为氮校正代谢能（兆焦/天）＝0.473×体重（千克）$^{0.75}$＋0.004 07×日增重（克/天）$^{1.40}$或氮校正代谢能（千卡/天）＝113×体重（千克）$^{0.75}$＋0.972×日增重（克/天）$^{1.40}$。

[a] 采食量数据是在中速型黄羽肉鸡饲粮营养需要量表中的饲粮能量水平下得到的。

[b] 给出的饲粮能量水平是生产中的中等水平。最佳饲粮能量水平可能随着饲料原料的不同而变化，但应保持饲粮营养素含量与能量水平的比值不变。

[c] 矿物质元素需要量包括饲料原料中提供的矿物质元素量。

[d] 维生素需要量包括饲料原料中提供的维生素量。

[e] 亚油酸需要量包括饲料原料中提供的亚油酸量。

表 4.8　NY/T 3645—2020 建议慢速型黄羽肉鸡每日营养需要量
（自由采食，以 88％干物质为计算基础）

项目	1～30 日龄		31～60 日龄		61～90 日龄		≥91 日龄	
	公	母	公	母	公	母	公	母
采食量[a]（克/天）	18	15	52	40	77	57	84	61

（续）

项目	1~30 日龄		31~60 日龄		61~90 日龄		≥91 日龄	
	公	母	公	母	公	母	公	母
氮校正代谢能[b]（兆焦/天）	0.21	0.18	0.66	0.49	0.97	0.69	1.08	0.78
代谢能[b]（兆焦/天）	0.22	0.19	0.65	0.50	0.97	0.72	1.07	0.78
净能 b（兆焦/天）	0.16	0.14	0.50	0.38	0.74	0.55	0.82	0.59
粗蛋白质（克/天）	3.78	3.15	9.10	7.00	11.55	8.55	12.18	8.85
总氨基酸（克/天）								
赖氨酸（Lys）	0.19	0.16	0.48	0.37	0.62	0.46	0.66	0.48
蛋氨酸（Met）	0.08	0.06	0.20	0.16	0.26	0.19	0.28	0.20
蛋氨酸＋半胱氨酸（Met＋Cys）	0.14	0.12	0.36	0.28	0.46	0.34	0.48	0.35
苏氨酸（Thr）	0.13	0.11	0.34	0.26	0.44	0.32	0.46	0.33
色氨酸（Trp）	0.03	0.03	0.08	0.06	0.11	0.08	0.11	0.08
精氨酸（Arg）	0.20	0.17	0.52	0.40	0.67	0.50	0.71	0.51
亮氨酸（Leu）	0.21	0.17	0.53	0.41	0.68	0.50	0.71	0.52
异亮氨酸（Ile）	0.13	0.11	0.33	0.26	0.43	0.32	0.45	0.33
苯丙氨酸（Phe）	0.12	0.10	0.29	0.22	0.37	0.28	0.39	0.29
苯丙氨酸＋酪氨酸（Phe＋Tyr）	0.20	0.17	0.51	0.39	0.65	0.48	0.69	0.50
组氨酸（His）	0.07	0.06	0.17	0.13	0.22	0.16	0.23	0.17
脯氨酸（Pro）	0.35	0.30	0.89	0.68	1.15	0.85	1.21	0.88
缬氨酸（Val）	0.15	0.12	0.39	0.30	0.50	0.37	0.52	0.38
甘氨酸＋丝氨酸（Gly＋Ser）	0.47	0.39	1.18	0.91	1.53	1.13	1.61	1.17
真可利用氨基酸（克/天）								
赖氨酸（Lys）	0.17	0.14	0.43	0.33	0.56	0.42	0.59	0.43
蛋氨酸（Met）	0.07	0.06	0.18	0.14	0.24	0.17	0.25	0.18
蛋氨酸＋半胱氨酸（Met＋Cys）	0.12	0.10	0.32	0.25	0.42	0.31	0.44	0.32

（续）

项目	1～30 日龄		31～60 日龄		61～90 日龄		≥91 日龄	
	公	母	公	母	公	母	公	母
苏氨酸（Thr）	0.11	0.10	0.30	0.23	0.39	0.29	0.41	0.30
色氨酸（Trp）	0.03	0.02	0.07	0.06	0.10	0.07	0.10	0.07
精氨酸（Arg）	0.18	0.15	0.46	0.35	0.61	0.45	0.64	0.46
亮氨酸（Leu）	0.19	0.16	0.46	0.36	0.61	0.45	0.64	0.47
异亮氨酸（Ile）	0.11	0.10	0.29	0.23	0.39	0.29	0.41	0.29
苯丙氨酸（Phe）	0.10	0.09	0.26	0.20	0.34	0.25	0.35	0.26
苯丙氨酸＋酪氨酸（Phe＋Tyr）	0.18	0.15	0.45	0.34	0.59	0.44	0.62	0.45
组氨酸（His）	0.06	0.05	0.15	0.11	0.20	0.15	0.21	0.15
脯氨酸（Pro）	0.31	0.26	0.78	0.60	1.03	0.77	1.08	0.79
缬氨酸（Val）	0.13	0.11	0.34	0.26	0.45	0.33	0.47	0.34
甘氨酸＋丝氨酸（Gly＋Ser）	0.42	0.35	1.04	0.80	1.38	1.02	1.44	1.05
矿物质[c]								
总钙（克/天）	0.15	0.12	0.37	0.29	0.53	0.39	0.54	0.39
总磷（克/天）	0.12	0.09	0.26	0.20	0.35	0.26	0.34	0.25
非植酸磷（克/天）	0.07	0.06	0.14	0.10	0.17	0.13	0.14	0.10
钠（克/天）	0.04	0.03	0.08	0.06	0.11	0.08	0.12	0.09
氯（克/天）	0.04	0.03	0.08	0.06	0.11	0.08	0.12	0.09
钾（克/天）	0.09	0.07	0.24	0.18	0.31	0.23	0.34	0.24
镁（毫克/天）	11	9	31	24	46	34	50	37
铁（毫克/天）	1.44	1.20	4.16	3.20	6.16	4.56	6.72	4.88
铜（毫克/天）	0.13	0.11	0.36	0.28	0.54	0.40	0.59	0.43
锰（毫克/天）	1.44	1.20	3.12	2.40	4.24	3.14	4.62	3.36
锌（毫克/天）	1.53	1.28	4.16	3.20	5.78	4.28	6.30	4.58
碘（微克/天）	13	11	31	24	39	29	42	31
硒（微克/天）	3	2	8	6	12	9	13	9

（续）

项目	1～30 日龄		31～60 日龄		61～90 日龄		≥91 日龄	
	公	母	公	母	公	母	公	母
维生素[d] 和脂肪酸								
维生素 A（国际单位/天）	216	180	468	360	462	342	504	366
维生素 D_3（国际单位/天）	11	9	26	20	39	29	42	31
维生素 E（国际单位/天）	0.81	0.68	1.82	1.40	1.93	1.43	2.10	1.53
维生素 K（微克/天）	45	38	114	88	131	97	143	104
硫胺素（毫克/天）	0.04	0.04	0.12	0.09	0.08	0.06	0.08	0.06
核黄素（毫克/天）	0.09	0.08	0.26	0.20	0.31	0.23	0.34	0.24
烟酸（毫克/天）	0.76	0.63	1.82	1.40	1.54	1.14	1.68	1.22
泛酸（毫克/天）	0.22	0.18	0.52	0.40	0.62	0.46	0.67	0.49
吡哆醇（毫克/天）	0.05	0.04	0.12	0.10	0.05	0.03	0.05	0.04
生物素（微克/天）	2	2	5	4	2	1	2	1
叶酸（微克/天）	18	15	36	28	23	17	25	18
维生素 B_{12}（微克/天）	0.29	0.24	0.78	0.60	0.62	0.46	0.67	0.49
胆碱（毫克/天）	23	20	52	40	58	43	63	46
亚油酸[e]（克/天）	0.18	0.15	0.52	0.40	0.77	0.57	0.84	0.61

注：氮校正代谢能的每日需要量计算模型为氮校正代谢能（兆焦/天）= 0.515×体重（千克）$^{0.75}$+0.007 7×日增重（克/天）$^{1.27}$或氮校正代谢能（千卡/天）= 123×体重（千克）$^{0.75}$+1.84×日增重（克/天）$^{1.27}$。

[a] 采食量数据是在慢速型黄羽肉鸡饲粮营养需要量表中的饲粮能量水平下得到的。

[b] 给出的饲粮能量水平是生产中的中等水平。最佳饲粮能量水平可能随着饲料原料的不同而变化，但应保持饲粮营养素含量与能量水平的比值不变。

[c] 矿物质元素需要量包括饲料原料中提供的矿物质元素量。

[d] 维生素需要量包括饲料原料中提供的维生素量。

[e] 亚油酸需要量包括饲料原料中提供的亚油酸量。

第三节　饲料无抗监测和对策

除球虫药之外，肉鸡养殖生产中饲料端已经禁止抗生素的使用。替抗是针对饲料端禁抗应急性技术要求，无抗则是最终目标，但技术发展成熟需要一个长期过程。

一、建立健全饲料无抗监测机制

以农业农村部第 194 号公告为依据，严格遵守肉鸡养殖用饲料无抗要求。

完善、改进饲料中抗生素残留的监测方法体系。

完善、改进饲料样品留存管理制度。

建立健全饲料抗生素污染的危害关键点及其预警方案。

建立药物残留快速检测方法体系。

二、饲料无抗检测

参考我国香港对供港动物食品药物残留检测内容，设置 37 种促生长类药物的残留检测内容，检测方法以国家标准为优先引用的原则。

建立预防类或抗球虫药物的最高残留限量检测方案。

三、饲料无抗对策

加强品种繁育改良及本地强抗逆性品种的推广应用。

严格控制饲料霉菌毒素、抗原因子、免疫抗性因子等，降低因饲料源感染导致对抗生素的需求。

提升生物安全水平，完善消杀技术规程，减少接触和交叉感染。

建立健全机体营养监测机制，创建保健营养、临床营养技术体系。

强化程序化免疫和养殖环境管理，提高肉鸡抗病率。

第五章
肉鸡疾病精确诊断方法

第一节 肉鸡疾病的一般诊断方法

一、肉鸡场基本情况调查

1. 基本背景 包括鸡场的发展历史、管理模式、肉鸡的种类、出栏日龄、饲养量和出栏量、经济效益、驻场兽医的技术水平、工作人员文化程度等。

2. 环境和气候 包括鸡场的地理位置、周围环境,附近是否有交通主干道、村庄、养禽场、畜禽加工厂或市场,一年四季的风向、气候,是否易受台风、冷空气和热应激的影响,排水系统如何,是否容易积水等。

3. 建筑布局和设施条件 包括鸡场内的各种建筑物布局是否合理;员工生活区、育雏区、育成区、种鸡区、孵化房、废弃物存放区的位置及彼此间的距离;鸡舍的长度、跨度、高度,所用材料及建筑结构,开放式或密闭式;如何通风、保温和降温;舍内的卫生状况如何;不同季节舍内的温度、湿度如何;采用何种照明方式等。

4. 饲养方式 了解养殖场选择的是平养、离地网养还是笼养,平养垫料是否潮湿,食槽和饮水器的种类,如何供料、供水,粪便、垫料如何清理等。

5. 饲料供给方式 　自配饲料或从饲料厂购进饲料，质量如何，是粉料、谷粒料还是颗粒饲料，自由采食还是定时供应，是否有限饲，如何限饲，饲料是否有霉变结块等。

6. 饮水 　饮水的来源和卫生标准，水源是否充足，曾否缺水、断水。

7. 育雏 　育雏是采用多层笼养还是单层平养，是地下保温还是地上保温，热源来自电、煤气、煤、柴或炭，种苗来源，运输过程是否有失误，何时开始饮水和开食，何时断喙。

8. 生产状况 　了解鸡群逐日的生产记录，包括饮水量、食料量、死亡数和淘汰数，1 月龄的育成率，肉鸡成活率，平均体重、肉重比、肉种鸡的育成率、体重、均匀度，以及肉种鸡开产周龄、产蛋率、蛋重等。

9. 肉种鸡的产蛋情况 　肉种鸡场的生产状况，蛋的包装和运输情况，种蛋的保存温度、湿度，是否消毒，种蛋的大小、形状，蛋壳颜色、光泽、光滑度，有无畸形蛋，蛋白、蛋黄和气室等是否有异常等。

10. 孵化的情况 　孵化房的位置，孵化房内温度和湿度是否恒定，受外界影响程度，孵化机的种类和性能如何，孵化记录，受精率，啄壳和出壳的时间，完成出壳时间，1 日龄幼雏的合格率等。

11. 发病历史 　养鸡场的发病史，曾经发生过什么疾病；由何部门做过何种诊断，采用过什么防治措施，效果如何。

12. 本次发病的情况 　本次发病鸡的种类，群（栏舍）数、主要症状及病理变化，做过何种诊断和治疗，效果如何。

13. 免疫接种情况 　按计划应接种的疫苗种类和时间，实际完成情况；疫苗的来源、厂家、批号、有效期及外观质量如何；疫苗在转运和保存过程中是否有失误，疫苗的选择是否合适；疫苗稀释量、稀释液种类及稀释方法是否正确，稀释后在多长时间内使用完；采用哪种接种途径，是否有漏接错接，免疫效果如何，是否进行免疫监测，有什么原因可引起免疫失败等。

14. 药物使用情况　本场曾使用过何种药物，剂量和用药时间，是逐只喂药还是群体投药，经饮水、饲料或注射给药，用药效果如何，过去是否曾使用过类似的药物，过去使用该种药物时，鸡群是否有不正常的反应。

15. 鸡群是否有放牧　牧地是否放养过有病的鸡群，是否施放过农药等。

16. 异常情况　鸡场（群）近期内是否还有什么其他与疾病有关的异常情况。

二、临床检查

对肉鸡疾病，尤其是重大疫病的诊断，最好能到生产现场对鸡群进行临床检查。如果仅从送检人员的介绍和对送检病死鸡的检查做出诊断，有时可能会误诊。因为送检人员介绍病鸡的症状和病变不一定准确和全面，而送检的病死鸡也不一定有代表性。对鸡群的临床检查，包括群体检查和个体检查。

（一）群体检查

群体检查的目的，主要在于掌握鸡群的基本状况。进入鸡舍后，可以轻轻地敲击鸡笼等物品，使之发出突然的响声。此时，若全群精神状况良好，则所有鸡只会停止采食、饮水和走动，凝视片刻；而病鸡则对声响反应迟钝，闭目昏睡。无反应或反应迟钝的病鸡占多少比例，可以大致了解疾病的严重程度。在了解鸡群大体状况后，还要对鸡群做进一步仔细观察，看看是否有以下异常。

（1）鸡群的营养和发育状况、体质强弱、大小均匀度；鸡冠鲜红或紫蓝、苍白，冠上是否长有水疱、痘痂或冠癣；羽毛的颜色、光泽、丰满整洁程度，是否有过多的羽毛断折和脱落，是否有局部或全身脱毛或无毛，肛门附近羽毛是否有粪污等。

（2）有无神经功能不正常的病鸡，如全身震颤，头颈扭曲，盲目前冲或后退，转圈运动，高度兴奋，不停走动，跛行，麻痹瘫痪，呆立昏睡，卧地不起等。

（3）眼鼻是否有分泌物，分泌物是浆液性、黏液性或脓性；是否有眼结膜水肿，上下眼睑粘连，脸面肿胀；有无咳嗽、异常呼吸音、张口伸颈呼吸和怪叫声；口角有无黏液、血液或过多饲料粘着。

（4）食料量和饮水量如何，嗉囊是否异常饱胀；排粪动作是否过频或困难，粪便是否呈圆条状、稀软成堆，或呈水样，粪便中是否有饲料颗粒、黏液、血液，颜色是否为灰褐、硫黄色、棕褐色、灰白色、黄绿色或红色，是否有异常恶臭味。

（5）鸡群发病数、死亡数、死亡规律。

（二）个体检查

对有病鸡群的个体有两种检查方式，一种是对一定数量的病鸡逐只进行检查；另一种是随机拦截一小群逐只进行检查，分别记录检查结果，然后做统计，看看有某种症状病鸡的总数和所占比例。个体检查包括以下几方面。

（1）体温　用手掌抓住两腿或插入两翼下，感觉体温是否异常，然后将体温计插入肛门内，停留10分钟，读取体温值。

（2）皮肤　皮肤的弹性、颜色是否正常，是否有紫蓝色或红色斑块，是否有脓肿、坏疽、气肿、水肿、斑疹、水疱等，有无结节、软蜱、螨等寄生虫，跖部皮肤鳞片是否有裂缝等。

（3）口鼻眼喉　眼结膜是否苍白、潮红或黄色，眼结膜下有无干酪样物，眼球是否正常；用手指压挤鼻孔，有无黏性或脓性分泌物；打开口腔，注意口腔黏膜的颜色，有无发疹、脓疱、假膜、溃疡、异物；口腔和腭裂上是否有过多的黏液，黏液中是否混有血液。喉头有无明显的充血、出血，喉头周围是否有干酪样物附着等。

（4）嗉囊、泄殖腔　用手指触摸嗉囊内容物是否过分饱满坚实，是否有过多的水分或气体；翻开泄殖腔，注意有无充血、出血、水肿、坏死，或有假膜附着，肛门是否被白色粪便粘结。

（三）一些常见症状提示可能发生的疾病

在临床检查时，应不断地将已发现的症状与可能出现这一症状的疾病联系起来，一种疾病的好几种症状都在病鸡中出现时，就预示有可能发生这种疾病。在一般情况下，常会有多种病的主要症状都出现在被检查的鸡群中，此时有必要做进一步鉴别诊断。一些常见症状提示的疾病见表 5.1。

表 5.1　一些常见症状提示的疾病

症状	提示的主要疾病或病因
病程短突然死亡	禽霍乱、卡氏住白细胞虫病、中毒病
死亡集中在中午到午夜前	中暑（热应激）
瘫痪，一脚向前，一脚向后	马立克氏病
1月龄内雏鸡瘫痪，头颈震颤	传染性脑脊髓炎、新城疫等
饮水明显减少	温度太低、濒死期
饮水量剧增	缺水、热应激、球虫病早期、饲料食盐太多、其他热性病
红色粪便	球虫病、出血性肠炎
白色黏性粪便	鸡白痢、痛风、尿酸盐代谢障碍、传染性支气管炎
硫黄样粪便	组织滴虫病（黑头病）

（续）

症状	提示的主要疾病或病因
黄绿色带黏液粪便	鸡新城疫、禽流感、禽霍乱、卡氏住白细胞虫病等
水样稀薄粪便	饮水过多、饲料中镁离子过多、轮状病毒感染等
扭颈、抬头望天、前冲后退、转圈运动	鸡新城疫、维生素 E 和硒缺乏、维生素 B_1 缺乏
颈麻痹，平铺地面上	肉毒梭菌毒素中毒
趾向内侧卷曲	维生素 B_2 缺乏
腿骨弯曲、运动障碍、关节肿大	维生素 D 缺乏、钙磷缺乏、病毒性关节炎、滑膜支原体感染、葡萄球菌病、锰缺乏、胆碱缺乏
瘫痪	笼养鸡疲劳症、维生素 E 或硒缺乏、虫媒病毒病、鸡新城疫、濒死期
高度兴奋，不断奔走鸣叫	药物、毒物中毒初期
张口伸颈呼吸，有怪叫声	鸡新城疫、传染性喉气管炎、禽流感
冠有痘痂、痘斑	鸡痘、皮肤创伤
冠苍白	卡氏住白细胞虫病、白血病、营养缺乏
冠紫蓝色	败血症、中毒病、濒死期
冠白色斑点或斑块	冠癣
冠萎缩	白血病、庆大霉素中毒
肉髯水肿	慢性禽霍乱、传染性鼻炎
肉髯白色斑点或白色斑块	冠癣
眼结膜充血	中暑、传染性喉气管炎等
眼虹膜褪色、瞳孔缩小	马立克氏病
眼角膜晶状体混浊	传染性脑脊髓炎、马立克氏病
眼结膜肿胀，眼睑下有干酪样物	大肠杆菌病、慢性呼吸道病、传染性喉气管炎、沙门氏菌病、曲霉菌病、维生素 A 缺乏等
眼流泪，眼内有虫体	眼线虫病、眼吸虫病
鼻黏性或脓性分泌物	传染性鼻炎、慢性呼吸道病等
喙角质软化	钙、磷或维生素 D 等缺乏
喙交叉、上弯、下弯、畸形	营养缺乏、遗传性疾病、光过敏

（续）

症状	提示的主要疾病或病因
口腔黏膜坏死，有假膜	禽痘、毛滴虫病、念珠菌病
口腔内有带血黏液	卡氏住白细胞虫病、传染性喉气管炎、禽霍乱、鸡新城疫、禽流感
羽毛断碎、脱落	啄癖、体外寄生虫病、换羽季节、营养缺乏（锌、生物素、泛酸等）
纯种鸡长出异色羽毛	遗传病和维生素 D、叶酸、铜、铁等缺乏
羽毛边缘卷曲	维生素 B_2 缺乏、锌缺乏
脚鳞片隆起，有白色痂片	螨病
脚底肿胀	鸡趾瘤
脚出血	创伤、啄癖、禽流感
皮肤紫蓝色斑块	维生素 E 和硒缺乏、葡萄球菌病、坏疽性皮炎、尸绿
皮肤痘痂、痘斑	禽痘
皮肤粗糙，眼角嘴角有痂皮	泛酸缺乏、生物素缺乏、体外寄生虫病
皮肤出血	维生素 K 缺乏、卡氏住白细胞虫病、某些传染病、中毒病等
皮下气肿	阉割、剧烈活动等引起气囊膜破裂

三、病理剖检

为了诊断的准确性，病理剖检应有一定的数量，一般应剖检 5～10 只病死鸡，必要时也可选择一些处于不同病程的病鸡进行剖检。然后，对病理变化进行统计、分析和比较。

（一）体表检查

在未剖开死鸡前先检查其外观，羽毛是否整齐，冠、肉髯和面部是否有痘斑或皮疹，口、鼻、眼有无分泌物或排泄物，泄殖腔是否有粪污或被白色粪便所阻塞，脚部皮肤是否粗糙、有裂缝或石灰样物附着，脚底是否有趾瘤等。继而将病鸡放在解剖盘上，此时应注意腹部皮下的颜色。维生素 E 和硒缺乏时，皮下呈紫蓝色；死亡已久引起尸绿时，腹部皮肤呈绿色，应注意区别。

（二）剖检顺序及观察内容

先用消毒药水将羽毛浸湿，将腹壁连接两侧腿部的皮肤剪开，用力将两大腿向外翻转，直至股关节脱臼，尸体即可平稳地放在解剖盘上。用剪刀分别沿上述腹部两侧的切线继续向前剪至胸部，另在泄殖腔腹侧做一横切线，使与腹部两侧切线相连接，用手在泄殖腔腹侧切口处将皮肤拉起，用力向上向前拉，使胸腹部皮肤与肌肉完全分离。此时，可检查皮下是否有出血，胸部肌肉的黏度，肌纤维颜色，是否有出血点或坏死斑点等。

在泄殖腔腹侧将腹壁横向剪开，再沿肋软骨交接处向前剪，然后一只手压住鸡腿，另一只手握住龙骨后缘向上拉，使整个胸骨向前翻转，露出胸腔和腹腔。此时，应首先看气囊膜有无混浊、增厚或被覆渗出物等；其次，注意胸、腹腔内的液体是否增多，体腔内的器官表面是否有胶冻样或干酪样渗出物等。再次，剪开心包囊，注意心包囊是否混浊或有纤维素性渗出物黏附，心包液是否增多，心包囊与心外膜是否粘连等；随后，顺次将心脏、肝脏摘出，将腺胃和肌胃、胰、脾及肠管一起摘出，再取出肺和肾脏，然后对上述器官逐一进行仔细检查。之后，用剪刀将下颌骨剪开并向下剪开食道和嗉囊，另将喉头、气管、气管叉和支气管剪开检查。最后，剪开头皮，取出颅顶骨，小心取下大脑和小脑检查。

（三）病理组织学检查

对一些需要做病理组织学检查的病例，可从上述各器官中剪取小块病料待检。取材的刀、剪要锋利，用镊子镊住组织器官的一角，用锋利的剪刀剪下一小块，浸入固定液中固定。最常用的组织固定液是10%的福尔马林，然后按需要做切片、染色和镜检。

（四）一些常见病理变化提示可能发生的疾病

在进行病理剖检时，既要不断地将已发现的病理变化与可能有这一病理变化的疾病联系起来，还要不断地将病理变化与上述已观察到的主要临床症状联系起来。然后，对几种类似的疾病反复进行肯定、否定、进一步肯定、进一步否定的鉴别诊断过程，使疾病初步诊断结果越来越明朗。一些常见病理变化提示的疾病见表5.2。

表5.2　一些常见病理变化提示的疾病

病理变化	提示的主要疾病或病因
胸骨S状弯曲	维生素D、钙和磷缺乏或比例不当
胸骨囊肿	滑液支原体病、地面不平等
肌肉过分苍白	死前放血、贫血、内出血、卡氏住白细胞虫病、脂肪肝
肌肉干燥无黏性	失水、缺水、肾型传染性支气管炎、痛风等
肌肉有白色条纹	维生素E和硒缺乏
肌肉出血	传染性法氏囊病、卡氏住白细胞虫病、黄曲霉毒素中毒、维生素E和硒缺乏等
肌肉有白色大头针帽大小的白点	鸡卡氏住白细胞虫病
肌肉腐败	葡萄球菌病、厌氧杆菌感染
腹水过多	腹水综合征、肝硬化、黄曲霉毒素中毒、大肠杆菌病
腹腔内有血液或凝血块	内出血、卡氏住白细胞虫病、白血病、脂肪肝
腹腔内有纤维素或干酪样渗出物	大肠杆菌病、鸡败血支原体病
气囊膜混浊并有干酪样附着物	鸡毒支原体病、大肠杆菌病、鸡新城疫、曲霉菌病等

（续）

病理变化	提示的主要疾病或病因
心肌有白色小结节	白痢、马立克氏病、卡氏住白细胞虫病
心肌有白色坏死条纹	禽流感等
心冠沟脂肪出血	禽出血性败血症、细菌性感染、中毒病等
心包粘连，心包液混浊	大肠杆菌病、鸡毒支原体感染等
心包液及心肌上有尿酸盐沉积	痛风
心脏房室间瓣膜疣状增生	丹毒病
肝肿大，有结节	马立克氏病、白血病、寄生虫病、结核病
肝肿大，有点状或斑状坏死	禽出血性败血症、白痢、黑头病
肝肿大，有假膜，有出血点、出血斑、血肿和坏死点等	大肠杆菌病、鸡毒支原体感染、弯杆菌性肝炎、脂肪肝综合征
肝硬化	慢性黄曲霉毒素中毒、寄生虫病等
肝胆管内有寄生虫	吸虫病等
脾肿大，有结节	白血病、马立克氏病、结核病
脾肿大，有坏死点	鸡白痢、大肠杆菌病
脾萎缩	免疫抑制药物、白血病
胰脏有坏死	鸡新城疫、禽流感
食道黏膜坏死或有假膜	毛滴虫病、维生素 A 缺乏
嗉囊内黏膜有假膜附着	毛滴虫病、念珠菌病
腺胃呈球状增厚增大	马立克氏病、四棱线虫病、传染性腺胃炎、网状内皮组织增殖病
腺胃有小坏死结节	白痢、马立克氏病、滴虫病
腺胃乳头出血	鸡新城疫、禽流感、鸡传染性法氏囊病、马立克氏病
肌胃肌层有白色结节	白痢、马立克氏病、传染性脑脊髓炎
肌胃角膜下溃疡、出血	鸡新城疫、禽流感、鸡传染性法氏囊病、喹乙醇或痢菌净中毒

（续）

病理变化	提示的主要疾病或病因
小肠黏膜充血、出血	鸡新城疫、禽流感、球虫病、卡氏住白细胞虫病、禽霍乱
小肠壁小结节	鸡白痢、马立克氏病等
小肠黏膜出血、溃疡、坏死	溃疡性肠炎、坏死性肠炎、新城疫、禽流感
小肠肠腔内有寄生虫	线虫病、绦虫病等
盲肠黏膜出血，肠腔内有鲜血	球虫病
盲肠出血、溃疡	黑头病
泄殖腔水肿、充血、出血、坏死	鸡新城疫、禽流感、寄生虫感染、细菌性感染
喉头黏膜充血、出血	鸡新城疫、禽流感、传染性喉气管炎、禽出血性败血症
喉头有环状干酪样物附着，易剥离	传染性喉气管炎、慢性呼吸道病
喉头黏膜有假膜紧紧粘连	禽痘
气管和支气管黏膜充血、出血	传染性支气管炎、鸡新城疫、禽流感、寄生虫感染等
气管、支气管内黏液增多	呼吸道感染
肺有细小结节，呈肉样	马立克氏病、白血病
肺内或表面有黄色、黑色结节	曲霉菌病、结核病、白痢
肺瘀血、出血	卡氏住白细胞虫病、其他病毒性或细菌性感染
肾肿大，有结节状突起	白血病、马立克氏病
肾出血	卡氏住白细胞虫病、脂肪肝肾综合征、鸡传染性法氏囊病、中毒等
肾肿大，有尿酸盐沉积	传染性支气管炎、鸡传染性法氏囊病、磺胺中毒、其他中毒、痛风等
输尿管内有尿酸盐沉积	传染性支气管炎、鸡传染性法氏囊病、磺胺中毒、其他中毒、痛风等

（续）

病理变化	提示的主要疾病或病因
卵巢肿大，有结节	马立克氏病、白血病
卵巢、卵泡充血、出血	白痢、大肠杆菌病、禽霍乱、其他传染病
左侧输卵管细小	传染性支气管炎、停产期、未性成熟
输卵管充血、出血	滴虫病、白痢、鸡毒支原体感染等
法氏囊肿大、出血、渗出物增多	鸡新城疫、禽流感、白血病、鸡传染性法氏囊病
脑膜充血、出血	中暑、细菌性感染、中毒
小脑出血，脑回展平	维生素 E 和硒缺乏
腿、翅、骨髓黄色	卡氏住白细胞虫病、磺胺中毒、贫血
腿、翅骨质松软	钙、磷和维生素 D 等营养缺乏症
腿脱腱症	锰或胆碱缺乏
腿关节炎	葡萄球菌病、大肠杆菌病、滑液支原体病、病毒性关节炎、营养缺乏症等
臂神经和坐骨神经肿胀	马立克氏病、维生素 B_2 缺乏症

四、微生物学诊断

微生物学诊断对于传染病防控来说是相当重要的，经过上述对现场基本情况的调查与了解，临床检查和病理剖检后，一般能将可能发生的疾病范围大大缩小。如果怀疑为传染病，则需要经过实验室内的微生物学诊断，包括病原学、血清学和分子生物学诊断。

（一）病原学诊断

在对疾病的微生物学诊断中，最准确和最重要的是病原学诊断，看能否从病、死鸡中分离到与疾病有关的病原微生物，如病毒、细菌、支原体、衣原体、真菌等。主要诊断步骤包括病料的采集、保存和送检，病料涂片镜检，病原的分离与培养，对已分离病原体的毒力和生物学特性的鉴定等。值得注意的是，在鸡群中时常存在一些疫苗毒株或与疾病无关的寄居性微生物，在病原分离时应注意进行鉴别。

（二）血清学诊断

常用的血清学诊断方法包括血凝试验、血凝抑制试验、琼脂扩散试验、中和试验、补体结合试验、酶联免疫试验、免疫荧光抗体技术及免疫放射技术等。

由于大多数的鸡群均已接种了某些疫苗，如用已知抗原检测被检鸡血清，应注意分辨血清学的阳性反应是由疫苗还是由野外病原微生物所引起的。另外，由于鸡群中存在着一些疫苗株病原体或与疾病无关的微生物，如用已知血清检验被检鸡的病原体，也应注意区分真正病原体或与疾病无关的微生物。

（三）分子生物学诊断

分子生物学诊断技术是很常用的诊断方法，具有特异性强、灵敏度高和快速等优点，如 PCR、RT-PCR、荧光定量 RT-PCR 等，可根据需要和条件进行选择。

五、寄生虫学诊断

有些寄生虫病的临床症状和病理变化是比较明显和典型的，有初诊的意义，如球虫病、卡氏住白细胞虫病等。然而，更多的寄生虫病缺乏典型的特征，往往需要对粪便、血液、皮肤、羽毛、气管及消化道内容物等进行检验，发现虫卵、幼虫、原虫或成虫之后才能确诊。

六、饲料营养成分的分析

对营养缺乏或代谢障碍性疾病，常常需要检测饲料中的营养成分，如能量、蛋白质、维生素、矿物质等的实际含量，再与相应的营养标准做比较，以确定营养缺乏的种类、缺乏程度和缺乏的时间，然后进行确诊。

七、毒物检验

对于疑似中毒性疾病，可根据需要采取血液、粪便、胃肠内容物、空气、饲料和饮水等进行某些毒物的定性与定量分析，以确定毒物的种类和中毒程度。

八、预防和治疗试验

有时候虽然经过某些项目的检验，但仍未能对疫病做出确诊，或仍需等待较长的时间才有诊断结果，而生产上又需要做出必要的处理以减少损失。有时实验室的诊断结果，还需要通过生产中的防治效果来进一步验证。此时，可以尽快将鸡群分组进行相应的防治效果试验，根据预防或治疗效果对疾病做出诊断，或对已做出的诊断进行进一步的验证。

九、其他检验

在疾病诊断过程中，必要时还可进行血常规、血液生化、酶活性、肝功能和肾功能等检验。

第二节　肉鸡疾病的鉴别诊断

一、育雏期间雏鸡常见的疾病

1. 受冷或过热　受冷或过冷是育雏过程中常见的疾病。室温偏低或室内有冷风侵袭时，即可引起雏鸡受冷。患雏拥挤扎堆，羽毛松乱，发抖，神态抑郁，有时出现痉挛，呼吸频率减慢。剖检见皮下、肌肉、脑膜和脑组织贫血；肝脏、肠系膜、腺胃、肺等淤血。病程很急，通常几小时即死亡。

受热或过热时，表现为急性病程。症状为呼吸短促，张口呼吸，呈现呼吸困难，体温升高，饮欲增加数倍。眼结膜发生静脉性淤滞，足翅麻痹，躯干和颈部肌肉痉挛。剖检见脑膜充血和点状出血，大脑充血和水肿，并有程度不一的出血。

此类疾病在发病前及发病期间，育雏室室温（包括保温伞）常有过低或过高的情况。

2. 鸡白痢　各品种鸡对本病均易感，以2～3周龄雏鸡的发病率和死亡率为最高，呈流行性。雏鸡潜伏期4～5天，出壳后感染的雏鸡，多在孵出后几天才出现明显临床症状，在第2~3周内达到高峰。发病雏鸡呈最急性者，无临床症状，迅速死亡。稍缓者表现精神委顿，绒毛松乱，两翼下垂，缩颈闭眼，昏睡，不愿走动，拥挤在一起。病初食欲减少，后停食，出现软嗉。腹泻，排稀薄如糊状粪便。有的病雏出现眼盲或肢关节肿胀，呈现跛行。剖检见卵黄吸收延缓，心肌、肺、肠和肌胃有坏死灶或结节；有些有心包炎，肝有小点出血和灶性坏死，肾与输尿管偶见充满尿酸盐。从肝、肺、心等内脏器官的结节中易分离出病原菌。

3. 副伤寒　常发生于2周龄以内的雏鸡。雏鸡常为急性型，其症状为突然发病，下痢，泄殖腔周围为粪便所沾污。发生浆液性、脓性结膜炎，眼半闭或全闭；呼吸困难，有时或有麻痹、抽搐等神经症状。主要病变在肝和肠道，肝肿大，边缘钝圆，包膜上被有纤维素性薄膜，肝实质常有细小的灰黄色坏死灶；小肠黏膜水肿、局部充血，常伴有点状出血。从肝及其他内脏器官可分离出各种沙门氏菌。

4. 曲霉菌病　此病多见于梅雨季节，一般由饲料、垫料、饲槽发霉引起。患鸡出现呼吸困难，呼吸次数增加，张口呼吸，呼吸时发出"嘎嘎"声，晚上尤为响亮。剖检见肺部和气囊有粟粒大至绿豆大的黄白色小结节，有时用肉眼可见到灰黄色或黄绿色甚至黑色的霉菌菌丝体，气管、气囊和肺组织的病灶最为明显。除肺和气囊外，胸膜、腹腔、肠系膜也可见到此种结节。镜检病理组织，一般可发现霉菌孢子和菌丝体。

5. 慢性呼吸道病（鸡毒支原体病）　特征性的症状为流黏液性鼻液、咳嗽、打喷嚏，夜间更为明显，后期有气管啰音和张口呼吸。一般病程较长，1~2个月或更长。剖检见鼻窦、气管、气囊有病变。眶下窦黏膜水肿、充血和出血，窦腔内含有透明或混浊的黏液；鼻腔、气管、支气管和气囊有卡他性渗出液；气囊壁增厚，有少量黄白色颗粒状渗出物或纤维素性渗出物；少数病例还有肺炎、继发性细菌入侵或同时有维生素 A 缺乏症时，眼炎症状非常明显。

6. 传染性支气管炎　病状为流鼻液、咳嗽、呼吸困难，出现气管啰音，眼睑和鼻窦肿胀。剖检见气管内有黏稠分泌物，有时混杂有豆腐渣样渗出物，鼻腔、鼻窦黏膜充血和充满黏稠分泌物，气囊壁也有黏性或纤维素性渗出物。此病常成群感染，幼雏的死亡率可高达 25%；6 周龄以上的鸡死亡率很低。

7. 蛋白质和必需氨基酸缺乏症　雏鸡生长发育停滞、畏寒，体温常降至 40℃ 以下，出现大批死亡。剖检见尸体消瘦，肌肉常见苍白和萎缩，血液稀薄和颜色变淡并且凝固缓慢，心冠沟、皮下等脂肪组织消失，并呈胶样浸润，常有水肿，腹腔和心包积液。

8. 食盐中毒　饲料中含盐量达 3% 或摄入每千克体重 4 克及以上的食盐时，即可引起食盐中毒。病鸡表现极度兴奋，呼吸与脉搏频率增加，运动失调，两脚无力，行走困难，甚至瘫痪；嗉囊扩张，口鼻流出黏性分泌物，渴欲极度增加；后期下痢，肛门周围的羽毛为粪便沾污。剖检见嗉囊中充斥黏性液体，腺胃黏膜充血，十二指肠及小肠前段明显充血或出血；还常见皮下组织和肺水肿，腹腔和心包积水，心脏有小点出血。

9. 维生素 A 缺乏症　2 周龄时见生长发育迟滞，3 周龄时，表现衰弱，运动失调，羽毛蓬乱，眼、鼻发炎，眼睑肿胀，眼睑下有豆腐渣样物，上、下眼睑被分泌物黏合，鼻有分泌物；病程较长的有眼干燥症，角膜穿孔，眼球下陷。剖检见鼻腔、口腔、食道和咽有小的白色脓疱或溃疡；肾灰白色，肿大，并有交织成网的、充满白色内容物的小管纵横交错于其表面，这提示尿酸盐沉积；重症病例心脏、心包、肝、脾以及胸、腹腔也有白色尿酸盐沉积。

10. 维生素 D 缺乏症　除生长发育受阻外，病雏腿部无力，喙和脚爪软而易弯曲，迈步艰难，左右摇摆，在移行几步之后，常常蹲伏休息。剖检见肋骨与脊柱接合部呈球状肿胀，肋骨失去正常硬度，肋骨和椎骨接合处胸廓凹陷。

11. 球虫病　球虫病主要发生于 20～45 日龄的雏鸡。病雏呈现精神沉郁，羽毛松乱，运动失调；下痢，粪便呈棕红色，或为白色面糊状。剖检见泄殖腔周围羽毛被粪便所沾污。内脏变化主要在肠道，肠病变的严重程度与部位和球虫的种类有关。盲肠球虫主要侵害盲肠，表现为盲肠显著胀大，充满血液，盲肠上皮增厚；其他球虫则主要侵害小肠，肠黏膜有点状小病灶或小结节，甚至溃疡；有时可见肠壁水肿和增厚，黏膜表面有血性渗出物。肠内容物常呈白色糊状，这是由于球虫损害了肠黏膜与腺体的分泌机能，白色糊状物就是未消化的粉料。粪检可见球虫卵囊。

12. 鸡痘　皮肤型痘疹常发生于冠、肉髯、嘴角、眼睑等羽毛稀少的部位。痘疹初为灰色小点，发展为小丘疹，之后逐渐增大，汇合成大而厚的痂块。黏膜型鸡痘初出现鼻炎症状，鼻液先为浆液性，后变为黏液性与脓性。如蔓延至眶下窦和眼结膜，则脸部肿胀，结膜充满脓性或纤维素性渗出物，甚至可引起角膜炎以至失明。在口腔、咽和喉和黏膜发生假膜性病变时，称为鸡白喉。

13. 鸡新城疫或禽流感　雏鸡较成年鸡较少发生。急性发作时常波及全群，死亡率可达 100%。病初体温升高，眼半闭或全闭，呈昏睡状态，腹泻，粪便稀薄，呈黄绿色或黄白色，有时混有血液；由于发热，饮水过多，以致嗉囊积液；口鼻分泌物增多，并常从口角流出，喉部发出"咯咯"声，还常见张口呼吸；发病后期可见神经症状。剖检见腺胃出血、溃疡，整个肠道的黏膜有卡他性炎症，出血显著，尤以十二指肠、大肠后段和小肠与盲肠交界处为甚，肠黏膜上还有纤维素性坏死病变，呈小点状和糠麸样散布，泄殖腔黏膜出血、纤维素性坏死和溃疡。

14. 啄癖　最常见的表现为啄毛癖，鸡的尾部或体部羽毛光秃；有时又见啄伤脚上的血管，引起出血和跛行；严重的啄食肛门，造成创伤和出血之后，鸡群起而攻之，腹壁被啄穿，肠管被拉出，内脏和肌肉均被啄食。鸡的日粮配合不平衡，某些营养成分如蛋白质、维生素或矿物质的缺乏，都可能导致啄癖的发生。饲养管理不善，不同日龄和体质强的和弱的混群，用不能吞食的垫料铺地等，也会引起该病。

15. 鸡传染性法氏囊病　一般发生于2～4周龄，精神沉郁，粪便带白色，尖峰式死亡。剖检见腿肌出血、肌胃角膜下或腺胃乳头出血，法氏囊大多肿大、充血或出血，有时法氏囊也见萎缩。

16. 传染性脑脊髓炎　一般见于1～2周龄的雏鸡，仅见神经症状，瘫痪，头颈或全身震颤，衰竭死亡。剖检无明显的肉眼病变。

二、消化系统疾病

1. 禽伤寒　病鸡粪便稀薄，呈黄绿色。剖检最常见的变化为肝、脾和肾充血、肿大，肠道有卡他性炎症；肝呈绿棕色或古铜色，这是本病的一种具有特征性的病变。确诊靠病原鉴定。

2. 大肠杆菌病　雏鸡下痢，泄殖腔周围有黏糊状物。剖检肝肿大并有坏死灶，雏鸡卵黄未吸收。成年鸡的症状和病变与禽霍乱相似。确诊应从病鸡血液和实质脏器分离到大肠杆菌。

3. 马立克氏病　内脏型马立克氏病的症状为冠及肉髯苍白，腹泻，腹部膨大，腹腔内器官如肝、脾、肾极度肿大，肿瘤病变有弥漫型和结节型两种。肠道如有肿瘤病变，肠系膜和肠壁的肿瘤组织互相粘连并呈结核结节外观，腹腔有时可见积水。

4. 禽霍乱　多发生于成年鸡，常无前驱症状突然死亡。雏鸡常有腹泻，粪便初为黄灰色，后为污绿色；慢性病例出现持续性下痢、肉髯水肿和关节炎。剖检见心冠沟脂肪、肺、胃肠黏膜、腹腔浆膜和脂肪有点状出血点或出血斑，其中，以十二指肠和心冠沟脂肪组织为最明显；肠黏膜上还可见有灰黄色纤维素性假膜附着；肝脏有弥漫性针尖大的灰白色坏死点，为本病特征性病变。血液和组织涂片染色镜检，可见两极着色小杆菌。

5. 鸡新城疫或高致病性禽流感　病初即有腹泻，粪便稀薄，呈黄绿色或黄白色，有时混有血液；嗉囊膨胀，充满气体和液体。剖检见整个肠道的黏膜有卡他性炎症，出血显著，特别是十二指肠、大肠后段以及从小肠进入盲肠的交界处；肠黏膜还有纤维素性坏死性病变，呈小点状和糠麸样，有些大的如花蕾或纽扣状，突出于黏膜表面，脱落则形成溃疡；食道与腺胃交界处有出血点。

6. 毛滴虫病　病鸡排出淡黄色稀粪或硫黄色泡状排泄物，嗉囊、食管和腺胃常有白色小结节，内含干酪样物。肝的损害类似盲肠肝炎，但形状不规则，呈颗粒状，凸出肝表面。在各个器官的病灶中，可通过镜检找到毛滴虫。

7. 肛门淋　主要引起种母鸡发病，但有时也见于公鸡。病鸡肛门外围常被黏稠的排泄物沾污，泄殖腔红肿、溃疡，肛门口形成带韧性的黄色假膜，并发出恶臭气味；排粪时常努责，有时导致直肠脱垂和群鸡啄食，以致引起创伤和死亡。

8. 饲喂劣质饲料或饲养管理不当　用各种劣质的饲料喂饲，如饲料霉烂、粗糙，纤维过多，变质的动物性饲料或饲料含有毒物等，均能引起肠炎与下痢。饲料管理不善、没有定时定量喂饲、饲料更换骤急或清洁卫生工作不到位、防寒保暖不当等，均能引起肉鸡消化障碍症状。

三、呼吸系统疾病

若肉鸡有眼鼻分泌物、咳嗽、打喷嚏、气管或喉头发出咯咯声、喘气、张口呼吸，有时在口腔、咽喉和眼有豆腐渣样渗出物等症状表现，可在下列的疾病中进行鉴别诊断。

1. 慢性呼吸道病　病状为流鼻液、咳嗽、喉头或气管发出"咯咯"声，食欲减少，逐渐消瘦，种母鸡产蛋量下降。眼睑肿胀，眼睑下有豆腐渣样物，还见结膜炎、角膜炎和整个眼球发炎。病程长，在1个月以上。由于本病病原除了鸡毒支原体之外，还可能有多种细菌、霉菌甚至病毒引起继发感染。如鸡舍通风不良，粪便不及时清除，氨气刺激，会使病情加剧。剖检可见眶下窦黏膜肿胀、充血和出血，窦腔内充塞黏液；黏液性气管炎；气囊膜混浊、增厚，有黄色豆腐渣样物。

2. 鸡传染性鼻炎　病状为流鼻液、打喷嚏、咳嗽、张口呼吸、脸肿（在眼的周围）、流泪、结膜炎。剖检可见鼻腔、咽喉黏膜发生炎性充血和水肿，而且有大量黏液渗出；眶下窦内常有纤维素性或浆液性黏性渗出物。病程差异很大，为2~30天。病原为副鸡嗜血杆菌，通过病原鉴定可做出确诊。

3. 曲霉菌病　病鸡呼吸困难，呼吸次数增加，张口呼吸，吸气时颈部气囊明显扩大，呼吸时发生"嘎嘎"声，夜间尤其响亮。剖检常可见肺有粟粒状甚至更大的结节，结节黄白色，中心呈均质的豆腐渣样；气囊壁常变厚，被覆有一层绒裘状霉菌菌丝体，有时还见有分量不一的豆腐渣样物；气管和支气管有时有肉眼可见的菌丝体，其他器官如肝脏、胸腔、腹腔等也可能出现结节。病原为曲霉菌，有时还可找到青霉菌、白霉菌等。只要在病理组织镜检时找到菌丝体或孢子，就可做出确诊。

4. 传染性喉气管炎　最有诊断意义的病状和病变为出血性气管炎，咳嗽时排出血性黏液并附着在喙的周围；慢性病例则眼、鼻、口腔、喉头有干酪样渗出物蓄积，临床上还见咳嗽、喘气和发出"咯咯"声。死亡率达5%~60%。

5. 鸡传染性支气管炎　病状为喉头发出"咕咕"声、咳嗽、流鼻液、眼湿、张口呼吸、精神萎靡、不爱活动，成群发生。幼雏患病较重，死亡率较高，可达25%。6周龄以上的鸡患病，则死亡

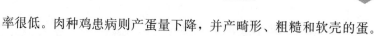

率很低。肉种鸡患病则产蛋量下降，并产畸形、粗糙和软壳的蛋。个体病程为 1～2 周，群体的流行过程约为 1 个月。

6. 鸡新城疫 呼吸道症状明显，呼吸困难，张口呼吸，喉头、气管发出"咯咯"声，有时还见严重咳嗽；食欲减退，甚至完全不食，精神萎靡；体温高达 43℃以上，大量饮水。倒提时流口水。肠炎、下痢的症状显著，常排黄绿色稀粪。后期有神经症状。剖检可见腺胃、泄殖腔等处明显出血。近年来常发生非典型新城疫，临床症状不显著。

7. 禽流感 临床上肉鸡常见的禽流感亚型主要有 H5、H7、H9 亚型。高致病性禽流感表现与新城疫相似，低致病性禽流感可引起呼吸道症状及种鸡产蛋下降。剖检时，高致病性禽流感与新城疫相似；H9N2 亚型低致病性禽流感病例大多可见到明显的腹膜炎和支气管栓塞。

四、表现有瘫痪或神经症状的疾病

1. 马立克氏病 神经型马立克氏病，以麻痹症状为主要特征。病毒侵害神经系统，于神经组织上形成肿瘤，当侵害翼、颈神经时，患鸡出现翼下垂或头颈下垂、颈倾斜；如果侵害腿部坐骨神经，开始时鸡出现步态不稳，随后发生完全麻痹。剖检时，受损的周围神经干丧失光泽，颜色灰暗，神经纤维横纹消失，局部出现肿胀。

2. 肉毒梭菌毒素中毒 主要特征是运动神经麻痹和迅速死亡。轻症的病鸡两腿麻痹，不能走动，有些翼下垂；重症的头颈伸直并搁置地面，不能抬起，故又称软颈病。病鸡眼全闭，陷入深睡状态，冠仍呈鲜红色，但听觉失灵，对声音刺激全无反应。严重病例常于数小时内死亡。

3. 鸡新城疫 亚急性或慢性鸡新城疫有神经症状出现，一腿

（翅）或两腿（翅）麻痹，跛行或不能站立，翅下垂；全身或部分肌肉抽搐，运动失调，常伏地旋转或倒退；也有头颈下垂搁于地上，或侧头仰视或扭颈向后仰；有时做圆圈运动。剖检时见食道与腺胃有出血点或溃疡；整个肠道黏膜发炎、出血，并以十二指肠以及小肠进入盲肠的交界处黏膜更为显著；泄殖腔出血、溃疡，有纤维素坏死灶。

4. 传染性脑脊髓炎 常见于 1～2 周龄的雏鸡，以运动失调为主要特征。受惊扰时，运动协调性和速度表现无力控制，最后坐下或倒卧一侧；有些病雏不能走动，或以跗和胫部负重着地行走；惊扰或刺激有时能引起头颈震颤，持续时间不一，并在不规则的间隔时间后，此种症状又重新出现。运动失调一般出现于震颤之前，但有些病例只见有震颤，或运动失调发生于震颤之后。

5. 维生素 B_2（核黄素）缺乏症 患鸡迈步时以跗关节触地，翅展开，以维持身体平衡，足趾麻痹，向内卷曲，腿部肌肉萎缩和松弛；病后期，腿张开而卧，不能移动。剖检见外周神经干的髓鞘有局限性变性，在卷趾麻痹的病例，神经-肌肉终板和肌肉组织变性，坐骨神经的分支和臂神经干也可见变性。

6. 维生素 B_1（硫胺素）缺乏症 硫胺素缺乏时，常发生多发性神经炎症状。幼雏是突然发生的，成鸡发病很慢。成鸡表现为肌肉明显麻痹，最初发生于趾的屈肌，然后向上蔓延，波及腿、翅和颈的伸肌。雏鸡特征性的症状是，犬坐姿势（坐在自己屈曲的腿上），头向后仰，这是由于颈前方肌麻痹所致，许多病例在卧地以后，头部仍向后牵引。剖检小鸡见皮肤广泛水肿，生殖器官萎缩，肾上腺肥大，胃和肠壁也严重萎缩。

7. 维生素 E 缺乏症（脑软化病） 维生素 E 缺乏时，小鸡可发生脑软化病、肌营养不良（麻痹）等。鸡脑软化病表现为共济失调，头向后仰或向下挛缩，有时伴有侧位扭转，向前冲，腿急剧收缩与急剧松弛等神经紊乱症状，但翅和腿不发生全麻痹。发病日龄常在出壳后第 15～30 天。剖检可见小脑软化，脑膜水肿，小脑表面出血，脑回展平，有黄绿色混浊样的坏死区，有时皱缩而下陷。当维生素 E 缺乏而同时伴有蛋氨酸缺乏时，在约 4 周龄的小鸡呈现肌营养不良，胸肌束的肌纤维呈现淡色条纹。病雏全身衰竭，运动失调，无力站立。

　　8. 维生素 D 缺乏症　　种母鸡偶见瘫痪，但常于停止产蛋后恢复。产蛋种鸡表现为腿极端软弱，出现坐于腿上的特殊蹲伏姿势，以后鸡喙、脚爪和锁骨变软易于弯曲，胸骨也弯曲，肋骨失去正常硬度，胸廓常有异常凹陷外观。小鸡缺乏维生素 D 时，除生长受阻外，腿部严重无力，迈步艰难，常以跗关节蹲伏休息。同时鸡体向两边摇摆，丧失平衡，喙和腿爪软而易弯曲，肋骨出现念珠状隆凸。

　　9. 螺旋体病　　病鸡表现为脚和翅完全麻痹或不完全麻痹，冠暗红色，发热，排绿色稀粪；慢性病例常见出血、黄疸和消瘦，死亡率为 60%～80%。

　　10. 关节炎　　由各种病原菌如葡萄球菌、巴氏杆菌、大肠杆菌等感染或明显的机械性外伤所致。

五、肝脏有病变的主要疾病

　　1. 禽霍乱　　急性病例肝有数量不一、大小如针尖大的灰白色坏死灶，坏死灶一般分布较密。心血或肝、脾涂片，可发现两极染色杆菌。

　　2. 内脏型马立克氏病　　肝脏因布满弥漫性或结节性肿瘤而明显肿大。肿瘤组织呈浅灰色或灰白色，一般无坏死。镜检病理组织，可见由大量成熟的淋巴细胞及网状细胞所组成。这种病变多见于脾和肾等脏器。马立克氏病主要发生于 20 周龄以下的鸡，死亡率高。

3. 淋巴细胞性白血病　肝脏因肿瘤样组织呈弥漫性或结节性增生而极度肿大，因此称为"巨肝症"。病理组织质地较脆，并常有出血与坏死。镜检病理组织，主要是由大量淋巴母细胞组成。发病鸡一般在 18 周龄以上。慢性病程，死亡率低。

4. 鸡白痢　有些雏鸡肝脏有小点出血和坏死结节。结节一般较小，灰黄色。此类结节还见于心肌、肺、肌胃和肠壁。雏鸡在 2～3 周龄时发病率与死亡率最高。临床上以排白色稀薄粪便为主要特征。

5. 肝破裂　因热应激、猛烈追逐、公鸡间格斗及机械性损伤引起，仅个别发病，死亡极快。剖检时可见腹腔内有大量凝血块，肝组织有新鲜裂创，其他脏器未发现异常。

6. 毛滴虫病　肝有不规则坏死灶，凸出于肝表面，灰黄色。急性病程，临床上排淡黄色水样稀薄粪便。

7. 结核病　病鸡的肝脏有结核结节者可达 70%。结核结节外被结缔组织，比较致密，中心干酪样坏死，坏死物呈豆腐渣样。结节镜检显示结核结节的特殊结构，并可从结节中分离培养出结核杆菌。结核结节也见于脾、肺和肠。

8. 副伤寒　急性与亚急性病例可见肝肿大，其边缘钝圆，肝包膜上常有纤维素性薄膜被覆，肝内有细小灰黄色坏死灶。本病主要发生于雏鸡。急性型尤多见于 2 周龄以内。

9. 伤寒　亚急性与慢性病例肝呈棕色或古铜色，肿大，肝有颗粒状坏死结节。

10. 脂肪肝综合征　以肥胖的鸡、炎热的季节、饲料偏碱性、胆碱缺乏、生物素缺乏时较易发生。病鸡常突然死亡，在炎热季节大多死于下午或晚上。剖检见肝包膜下有出血点或血泡，严重时肝破裂，腹腔内充满血水或凝血块。少数耐过的病例，冠苍白、萎缩，衰竭死亡。剖检见肝表面包裹一层灰白色透明的血浆，腹腔内有血水或凝血块。

11. 其他　曲霉菌病可能在肝脏有结节病变。葡萄球菌感染、链球菌感染、多种败血症都可能在肝脏引起化脓性病灶。大肠杆菌病也可见肝脏肿大并有坏死灶，少数病例的肝脏被纤维性渗出物所覆盖。

六、引起肾脏肿大或苍白的疾病

1. 维生素 A 缺乏症　肾苍白且肿大，肾小管充满尿酸盐，从表面看来，形成网状花斑结构。输尿管也充满尿酸盐，法氏囊有豆腐渣样分泌物，上、下眼睑往往被分泌物黏合在一起。病程长的有眼干燥症，角膜穿孔，眼球下陷，失明；口、鼻分泌物增多，口腔、咽、食道有白色小脓疱。

2. 痛风　肾和输尿管的病变，与维生素 A 缺乏症基本相同。内脏器官如心、肝、脾和肠系膜的表面也常见有石灰样的尿酸盐沉积物，多时可形成一层白色薄膜覆盖。关节病变呈石灰性结节外观。

3. 单核细胞增多病（尿毒症）　肾脏肿大，较正常的可大1倍，且变苍白；肾小管和输尿管扩张，管中有尿酸盐结晶物凝塞。肝有坏死，呈斑点状；胰脏坏死，呈粉笔碎状；骨骼肌变为黑色或紫色，呈鱼肉状；卵巢的滤泡变软或破裂。本病常见于6～16周龄的幼鸡，排白色或水样稀粪，冠和头部发绀，脚部皮肤干枯皱缩，后期出现高热。血片检查，单核细胞的相对值和绝对值升高。

4. 中毒病与败血症　各种中毒病与败血症的毒素性中毒反应，可能引起肾肿大或苍白的病变。如葡萄球菌感染、脓毒性病灶或其他的肠炎，产生的毒素被吸收，均可引起肾肿大和苍白的病变。

5. 鸡白痢　3 周龄以内的雏鸡，偶见肾小管因充塞尿酸盐而肿大。同时，还常见心肌、肝、肺、盲肠、大肠或肌胃有坏死病灶或结节。

6. 禽伤寒　肾充血和肿大，有局部坏死点；肝、脾也充血和肿大，肝呈古铜色，有灰黑色坏死点，肝的颜色是特征性病变；有时心肌有坏死灶，腹膜有纤维素性炎，类似于卵黄。冠和肉髯在急性病例为暗紫色，在亚急性和慢性病例则变苍白，并且皱缩，伴随下痢，发热达 43℃以上。

7. 鸡传染性法氏囊病　多见于 2～4 周龄的鸡，除肾苍白、肿大外，法氏囊常有不同程度的炎症。

8. 鸡传染性支气管炎（肾型）　见于各日龄的鸡，先有轻度呼吸道症状，然后出现白色水样粪便。剖检见肾肿大，有多量白色尿酸盐沉积。

七、体内有各种结节样病变的疾病

1. 内脏型马立克氏病　肝、脾、肾、卵巢、肠等器官内，可发现弥漫性或结节性肿瘤组织，特别是肝脏和脾脏，由于大量肿瘤组织增生而极度肿大。结节外表呈浅灰色或灰白色，切面灰白色或灰黄色，中心一般无坏死。镜检结节性或弥漫性肿瘤组织，可见其由大量成熟的淋巴细胞及网状细胞组成。发病日龄常在 20 周龄以内。龄期越大，发病率越低，死亡率较高。临床上可见腹部明显膨大。

2. 淋巴细胞性白血病　肝脏有大量弥漫性或结节性灰白色肿瘤组织而极度肿大。结节质地较脆，并常有出血与坏死。此种结节性或弥漫性肿瘤组织，也见于脾、卵巢与肾脏。结节切片检查显示，是由大量淋巴母细胞及少量假嗜酸性粒细胞组成。淋巴细胞性白血病主要侵犯 18 周龄以上的鸡，慢性病程，死亡率低。临床上伴有慢性消瘦、贫血及生产力下降。

3. 鸡白痢　可在雏鸡心肌、肝、肺、肌胃和肠壁等器官组织发现结节样病变。结节一般较小，灰黄色，中心常有坏死。发病雏鸡常为急性病程，在2～3周龄时发病率与死亡率常达高峰。临床上常有腹泻，排白色粪便，泄殖腔周围羽毛常有粪便黏附。

4. 曲霉菌病　可于肺内发现绿豆大的黄白色结节，此种结节横断面有层次结构，质地比较坚实，中心坏死，内含大量霉菌菌丝体。气管有时可见菌丝体，气囊有时可见豆腐渣样物和菌丝体。除肺外，骨膜及腹腔内也可见到。

5. 肠壁寄生虫性结节　鸡的肠壁寄生虫性结节常见的为棘沟赖利绦虫所引起的，蛔虫幼虫有时也可引起结节的生成。

6. 肿瘤　除马立克氏病和白血病等肿瘤性疾病以外，其他的肿瘤性疾病在鸡也较常见。许多种类的肿瘤均可呈结节样外观，弥漫性或散在性分布于体内各器官组织，包括癌瘤、肉瘤、平滑肌瘤、血管瘤、腺瘤、畸形瘤与纤维瘤等。此类肿瘤通常需做病理切片检验才能确诊。

7. 结核病　可于体内各器官发现结节。鸡的结核结节主要见于脾和肝，肠与肺则较少。结核结节大小不一，自针头大至核桃大，外表结构致密，灰白色，切面中心干酪样坏死，坏死物呈豆腐渣样，常无钙盐沉着，此种结节内可检验出或分离培养出结核杆菌。结节切片呈特殊的结核病灶结构。

8. 肉芽肿　腹腔内有肉芽肿结节增生。结节大小悬殊颇大，小者仅粟粒大，大者甚至如鸡蛋大小。结节通常外被结缔组织包膜。较小的结节外表往往平滑，较大的则呈蜂窝状，表面粗糙不平。大结节是由许多小结节组成的。肉芽肿结节多见于肝、盲肠、肠系膜、肺和脾脏。多为2个月龄以上的鸡发病。

肉鸡疾病的诊断方法示例

第六章
肉鸡疾病的防控

第一节 种鸡疫病净化管理

肉鸡产业已是我国畜牧业中规模化、集约化、组织化和市场化程度最高的产业之一。我国肉鸡品种主要包括白羽肉鸡、黄羽肉鸡以及 817 肉杂鸡等；其中，黄羽肉鸡包括肉用地方鸡品种以及含有地方鸡血缘的肉用培育品种和配套系。种鸡的疾病问题是目前我国肉鸡业面临的重要问题之一，尤其是一些种源性疾病可在不同代次间经蛋传播，并呈连锁放大的效应，严重影响肉鸡的经济效益。种鸡疫病净化，是指种鸡场针对某种或某些重要家禽疫病（包括种源性疫病）实施有计划地消灭的过程，达到个体不发病和场内无感染状态，主要是以消灭和清除传染源为目的。

国务院 2012 年发布的《国家中长期动物疫病防治规划（2012—2020 年）》启动了动物疫病净化工作，要求实施种畜禽场疫病净化计划，以引导和支持种畜禽企业开展疫病净化。其中，将禽白血病、沙门氏菌病、高致病性禽流感和新城疫等 4 种家禽疫病列入优先净化的动物疾病名录。农业农村部于 2021 年 4 月 23 日发布的《全国肉鸡遗传改良计划（2021—2035）》，将禽白血病和鸡白痢等种源性疾病列入未来种鸡场的考核指标。2021 年 1 月 22 日，新修订的《中华人民共和国动物防疫法》已由中华人民共和国第十三届全国人民代表大会常务委员会第二十五次会议修订通过，自 2021 年 5 月 1 日起施行。其中，净化被正式列为我国动物疫病防控的主要策略之一。国家正采取各项措施推进种鸡场的疫病净化，同时，鼓励和支持种鸡场主动开展动物疫病净化。种鸡场要主动承担起种鸡疫病净化的企业主体责任，向社会提供健康安全的鸡苗和产品。

一、种鸡场种源性病原来源

根据病原微生物对胚胎和雏鸡的感染特点，种源性疾病的病原来源可分为内源性感染、外源性感染和医源性感染。

内源性感染，是指由母体直接传递而来的胚胎感染。健康母禽的生殖器官一般不含致病性微生物，故产的蛋中也不含致病性微生物。但当母禽患某种传染性疾病，或禽体长期带菌时，这些病原体可侵入卵巢和输卵管，在禽蛋形成过程中可进入蛋白和卵黄导致胚胎发生各种病理变化，甚至引起死亡；其中，有些感染胚胎也可带病孵出，成为下一代的传染源，使疾病持续发生。这一类传染病统称为胚蛋传递性疾病。如果公鸡精液被某些病原污染，则在人工授精过程中，也可造成种蛋感染和疾病传播。已知可经胚蛋传递的病原微生物，主要有鸡白痢沙门氏菌、禽白血病病毒、网状内皮组织增殖病病毒、鸡传染性贫血病毒、减蛋综合征病毒、禽呼肠孤病毒、禽传染性脑脊髓炎病毒、包涵体肝炎病毒、鸡毒支原体、滑液囊支原体、火鸡支原体等。

当种蛋一旦离开鸡体后，外界环境中微生物侵入种蛋内所引起的感染，称为外源性感染。虽然禽蛋有天然的屏障，但是当蛋壳表面受到严重污染或温度和湿度适于微生物迅速大量繁殖等情况下，葡萄球菌、大肠杆菌、沙门氏菌、褐霉菌、曲霉菌等微生物可穿透种蛋蛋壳、克服或避开蛋白内的抗微生物因素，在蛋内繁殖，使种蛋腐败或孵化雏鸡感染疾病。

如果种鸡或后代雏鸡使用的活苗，在其生产、加工、配制稀释或者免疫注射过程中，不小心污染了外源病原（如禽白血病病毒），则在其免疫过程中会造成病原扩散而构成医源性感染。

二、肉种鸡场主要种源性疾病

自 2011 年以来，中国动物疫病预防控制中心对全国祖代及其以上种鸡场开展了连续的垂直传播性疾病监测，禽白血病和鸡白痢是许多种鸡场报告的重要种源性疾病，成为制约我国肉鸡种业健康发展的重要因素。另外，一些种鸡场也存在鸡毒支原体感染率和滑液囊支原体感染的问题。

1. 禽白血病（avian leukosis，AL）　由禽白血病/肉瘤病毒群中的病毒引起的禽类多种肿瘤性疾病的总称。该病有多种表现形式，包括淋巴细胞性白血病、成红细胞性白血病、成髓细胞性白血病、骨髓细胞瘤、结缔组织瘤、上皮组织瘤、血管瘤、骨硬化病等。1991 年，英国 Payne 等首次报道了 J 亚群禽白血病。20 世纪 90 年代末，世界各国肉种鸡和肉仔鸡均遭到 J 亚群禽白血病病毒侵袭，造成了巨大的经济损失。我国于 1999 年，从疑似病变的种鸡和商品代白羽肉鸡分离到 ALV-J。随后，该病毒又逐步扩散到我国自主培育的黄羽肉鸡和多个固有地方品种。随着国内外育种公司对 ALV-J 的重视和净化，近年来，由 ALV-J 引发的白羽肉鸡的禽白血病案例相对减少。但是流行病学调查结果表明，ALV-J 和其他一些外源性亚群 ALV 仍然危害我国多个黄羽肉鸡品种和固有地方品种。

2. 鸡白痢（pullorum disease，PD）　由鸡白痢沙门氏菌引起的一种疾病。临床表现以雏鸡拉白色糊状稀粪为特征，死亡率很高，成年鸡多为慢性经过或呈隐性感染。各个品种、年龄和性别的鸡对鸡白痢均有易感性，但以 2～3 周龄以内雏鸡的发病率与病死率最高。地面平养的鸡群发生此病，比网上和笼养鸡多。本病是典型的可经蛋垂直传播的疾病之一，该病也可通过多种途径水平传播。饲养管理不善，环境卫生恶劣，鸡群过于密集，育雏温度偏低或波动过大，空气潮湿，以及存在着其他病原体的合并感染，都会加剧本病的暴发，增加死亡率。据中国动物疫病预防控制中心监测，2011—2014 年鸡白痢沙门氏菌抗体阳性率曾逐年下降，并一直保持较低水平，但是 2015 年以来，鸡白痢的场阳性率和个体阳性率都有升高的趋势，尤其是黄羽肉种鸡，要引起足够的重视。

3. 鸡毒支原体感染（mycoplasma gallisepticum，MG）　又称禽慢性呼吸道病，是由鸡毒支原体引起的呼吸道疾病。主要引起鸡的气管炎、气囊炎。该病在世界范围内广泛流行。血清学调查结果表明，该病在我国的分布也非常广泛。各种年龄的鸡都可感染鸡毒支原体，以 3～6 周龄的鸡最易感。鸡毒支原体既可通过呼吸道、消化道等途径水平传播，也可以通过人工授精或经种蛋等途径传播；同时，经弱毒疫苗传播也是不容忽视的重要途径。本病极易受其他疾病共感染和一些环境因素的影响，如大肠杆菌病、新城疫、传染性鼻炎、传染性喉气管炎、传染性支气管炎、曲霉菌病、雏鸡的气雾免疫、密度大、通风不良、卫生状况差、饲养管理不良、应激、其他病激发等，均可诱发本病。

4. 滑液支原体感染（mycoplasma synoviae，MS）　鸡和火鸡的一种急性或慢性传染病。主要损害关节的滑液囊膜及腱鞘，引起渗出性滑膜炎、腱鞘炎及滑液囊炎、胸部滑膜囊炎性肿胀等病变。滑液支原体还可引起上呼吸道感染，或与鸡毒支原体、新城疫病毒、传染性支气管炎病毒协同感染，引起气囊炎。该病除了水平传播外，也可垂直传播，尤其是感染初期，易经种蛋传播。多日龄混养的 3～7 周龄青年鸡，易发生滑液支原体的水平传播。自 2010 年以来，我国华北、华中、华南、华东等多地基于血清学和病原学的流行病学调查报告显示，鸡滑液支原体感染的发病率有不断升高的趋势，感染鸡群多见于1～4月龄，涉及的品种有肉种鸡和地方鸡种。一些未免疫鸡群中血清学阳性率可达50%以上，造成的损失已不容忽视。

三、种鸡场种源管理

种鸡场应有引种管理制度，并严格执行。如果从国外引种，应满足国家《种鸡进口技术要求》相关规定。如果从国内引种，尽量从有《种畜禽生产经营许可证》的种鸡场，尤其是已经通过国家级动物疫病净化评估的种鸡场引种。引种时，可索取《种畜禽合格证》《动物检疫合格证明》《种鸡系谱证》。

在引种调运之前，引种单位要了解相关法律法规和技术规程的要求，尤其是涉及跨国或跨省引种的，要按规定程序进行。确定引种前，要通过广泛调研，了解拟引进品种的主要特点、生产性能和环境适应性。引种单位最好能亲自到种源单位，实地调查了解当地及场内疫病流行情况、重大动物疫病防控情况、重要种源疾病净化情况等信息，尤其是关注种源单位相关证照是否齐全、养殖及防疫档案是否完善、防疫设施设备是否完备、生产管理是否规范、种系谱是否清楚完整、拟引进品种的种源洁净度和健康状况是否达标等信息。

引种运输之前，先要确保承运人是否有合格资质、动物检疫合格证明和消毒证明等；在运输过程中，应按既定的安全路线行驶，避开疫区和风险区；如果是长途运输，还要同时做好温度、湿度密度控制，避免冷热应激；及时加水加料和补充多维等防应激类物质。

引进种鸡到场后，要即时报告当地检疫部门进行检疫；检疫合格后放入已彻底消毒的隔离舍进行隔离饲养，至少连续观察 40 天，在这期间定期观察有无异常变化。同时，随机抽样检测或逐只检测种源疫病感染情况，经确认安全后，方可混群饲养，并建立相应的养殖档案。隔离期间，同时做好定期带鸡消毒和免疫接种。

四、种鸡场疫病净化

（一）禽白血病净化

国内外已有实践经验表明，对种鸡群进行禽白血病净化是可行的。关键是在保障生物安全的基础上，通过多个世代有效敏感的频度检测实现淘汰带毒/排毒鸡，同时，采取各项有效措施阻断疾病的垂直传播和水平传播。对于禽白血病感染场，最好采取进攻性净化策略；对于禽白血病阴性场或净化示范场，可采取防御性净化策略。同时，在禽白血病净化过程中，要加强种鸡用活疫苗中的外源性病毒污染检测，以避免活疫苗中禽白血病病毒（ALV）的污染。

不同品种品系、不同代次禽白血病的感染率不尽相同，其排毒规律也可能有差异。因此，禽白血病的净化方案最好不要盲目照搬，而应该是"一场一策"，并且结合自身实践和净化进展情况逐年优化调整。

1. 规模化自繁自养场核心群的禽白血病净化

（1）出雏时检测与淘汰　在雏鸡出壳时，对来自同一只母鸡的雏鸡逐一采取胎粪，可逐只，也可混样进行 ALV p27 抗原 ELISA 检测。如果同一只母鸡所产的雏鸡中，有一只有阳性，则要淘汰所有同胞雏鸡及其相应的种鸡。留存同胞阴性鸡隔离饲养或者阴性鸡小群饲养。

（2）育成初期检测与淘汰　待 6～10 周龄时，逐只采集抗凝血液，分离血浆，分别接种 DF-1 细胞，培养 7～9 天后，用 ALV p27 抗原 ELISA 检测，淘汰阳性鸡，留存阴性鸡。

（3）开产初期检测与淘汰　待 22～25 周龄时，对开产母鸡可随机取 2～3 枚蛋，取其蛋清进行 ALV p27 抗原 ELISA 检测，淘汰阳性鸡。逐只采集公鸡和母鸡的抗凝血液，分离血浆，分别接种 DF-1 细胞，培养 7～9 天后，用 ALV p27 抗原 ELISA 检测，淘汰阳性鸡，留存阴性鸡。

（4）留种前检测与淘汰　待 38～45 周龄时，对拟留种母鸡可随机取 2～3 枚蛋，取其蛋清进行 ALV p27 抗原 ELISA 检测，淘汰阳性鸡。逐只采集公鸡和母鸡的抗凝血液，分离血浆，分别接种 DF-1 细胞，培养 7～9 天后，用 ALV p27 抗原 ELISA 检测，淘汰阳性鸡，留存阴性鸡。

（5）第二世代的检测与淘汰　对上述 4 个步骤检测淘汰后存留种鸡的孵出雏鸡，作为第二代次净化的开始，继续按上述程序进行循环，直至实现完全净化。在净化过程中可视净化进展，不断调整优化净化检测程序。

2. 地方品种鸡核心群的禽白血病净化　由于受到生产规模、育种模式、技术水平所限，我国许多地方品种鸡的禽白血病净化，不能完全照搬规模化自繁自养场核心群的禽白血病净化程序。可在做好生物安全的基础上，结合实际生产实践和技术水平，采取缩减版的检测净化程序，以努力降低禽白血病感染率，尽量减少生产损失。但是这种选择显然是一种权宜之计，并不能完全净化种鸡群。

（二）鸡白痢净化

鸡白痢净化是一项严格的、涉及面广的系统工程。除了要加强检疫淘汰外，还要考虑环境控制、原料控制、媒介控制及生物安全水平，在时间节点上可考虑将遗传育种与禽白血病净化结合同步开展。

1. 育成期血清学检测与淘汰　待 12～15 周龄时，无菌操作，逐只采集种鸡血液进行快速平板凝集试验检测；也可分离血清再进行血清平板凝集试验。淘汰阳性鸡，并对其环境和笼具进行彻底清洗消毒。

2. 种鸡开产前血清学检测与淘汰　待 18～24 周龄时，无菌操作，逐只采集种鸡血液进行平板凝集试验检测；也可分离血清再进行血清平板凝集试验。淘汰阳性鸡，并对其环境和笼具进行彻底清洗消毒。

3. 种鸡开产前病原学检测与淘汰　对特别的重要品种或污染严重品种，待 18～24 周龄时，在停止使用抗生素 2 周后，无菌操作，逐只采集种鸡的泄殖腔拭子，经沙门氏菌鉴定培养基进行分离鉴定，及时淘汰鸡白痢沙门氏菌阳性的鸡，将检测为阴性的种鸡转移至新消毒禽舍隔离饲养。

4. 种鸡留种前血清学检测与淘汰　待 38～45 周龄时，无菌操作，逐只采集种鸡血液进行平板凝集试验检测；也可分离血清再进行血清平板凝集试验。淘汰阳性鸡，并对其环境和笼具进行彻底清洗消毒。

5. 不同世代的持续检测　将经检测合格的种鸡相应种蛋孵出的雏鸡作为净化后第二世代，继续按照以上程序实施第二世代的检测和净化。后续世代按此程序继续循环进行，直至达到鸡白痢净化标准。

（三）支原体防控与净化

由于鸡毒支原体分布范围广、场地污染严重，而且鸡毒支原体感染后体内带菌时间长、在鸡群中传播迅速、可经蛋垂直传播及容易产生耐药性等特点，都给鸡毒支原体防控与净化造成极大的困难。

为防控和净化鸡毒支原体，首先必须以良好的隔离条件、生产管理和生物安全措施为重要保障，再组合使用检测淘汰和敏感药物给药方法，才有可能培育无鸡毒支原体的健康种鸡群。对将作留种的核心群，先用平板凝集试验筛选抗体阴性鸡至新鸡舍，然后投喂1～2个疗程的支原体敏感药物，再经平板凝集试验抽检合格后，收集种蛋。从这些种蛋孵出的雏鸡作为第一代的假定无鸡毒支原体健康雏鸡群，隔离条件下专人饲养管理，饲养至开产前，在这期间定期添加敏感药物，然后通过平板凝集试验检测，及时淘汰阳性反应鸡。

若种鸡场鸡毒支原体感染率高，则对于阳性种鸡所产的种蛋，可考虑敏感药物浸泡法或胚内注射法杀灭种蛋内的支原体；也可以对种蛋进行严格控温条件下的变温法杀菌，以杀灭种蛋内的支原体，但是其代价是一定百分比孵化率的下降。

滑液支原体的防控与净化，可参照鸡毒支原体的防控与净化进行。

五、种鸡场疫病净化进展

许多种鸡场都曾经受到禽白血病的"困扰"。这种困扰不仅表现在种苗鸡孵化率、健苗率、死淘率上，而且表现为父母代鸡和商品代鸡的死淘率升高，市场投诉明显增多，经济纠纷不断。因此，自2008年以来，国内一些有远见的种鸡场纷纷自发启动禽白血病净化程序，在资金、人员、技术和实验室建设等方面给予了专项的投入。经过连续多年的努力，有些种禽生产企业在禽白血病净化上取得明显进展，甚至已经实现核心群禽白血病净化。

《国家中长期动物疫病防治规划（2012—2020年）》提出了种禽场重点疫病的净化考核标准。该规划作为纲领性文件，为推动我国种鸡疫病净化提供了政策依据。2014—2018 年，中国动物疫病预防控制中心在全国范围内先后开展了 3 个批次规模养殖场"动物疫病净化示范场"和"动物疫病净化创建场"（即"两场"）建设和认证评估工作，并制定了一整套管理措施和评估认证办法与标准；其中，提出"两场"评估认证以"逐场推进、自愿申请、科学评估、有效监督"为基本原则，确保动物疫病净化效果。截至2018 年，全国已有 6 家种禽场达到国家级禽白血病净化示范场的标准，另外 28 家种禽场达到国家级动物疫病净化创建场（禽白血病）的标准。2021 年 1 月，中国动物疫病预防控制中心启动了第 4批规模养殖场动物疫病净化"两场"建设和认证评估工作，并推出了 2021 版《动物疫病净化示范场评估标准（试行）》和《动物疫病净化创建场评估标准（试行）》。我国广东、山东等地非常重视疫病净化工作，制定了省级各项疫病的净化标准、技术规范指南和评估体系。

第二节　常见病毒性疾病的防控

一、禽流感

该病是由 A 型流感病毒引起的以禽类发病为主的人兽共患传染病。已知病毒 HA 有 17 个亚型（H1～H17），NA 有 10 个亚型（N1～N10），HA 和 NA 之间还可以组合成多种亚型（如 H1N1、H7N9 等），且各亚型之间无交叉保护力。

禽流感按照感染后临床症状严重程度和传播能力，可以分为高致病性禽流感和低致病性禽流感。迄今为止，发现的高致病性禽流感毒株都是 H5 与 H7 亚型，临床中未做免疫的肉鸡感染后呈最急性型，出现突然性的大批死亡；急性病例最为常见，典型症状是精深极度沉郁，闭目嗜睡，对外界刺激无反应，食欲废绝，排黄绿、黄白色稀粪、头颈震颤、张口呼吸，死前呈角弓反张，整个病程2～7 天，发病率和死亡率都可达 100％。肉鸡感染低致病性禽流感之后多出现呼吸、消化道症状，如咳嗽、打喷嚏、喘气、饮食减少及腹泻等，有时病死率可达 20％～30％。

根据《中华人民共和国动物防疫法》的相关规定，发现高致病性禽流感疫情时必须立即上报兽医主管部门。同时，第一时间采取隔离封锁、扑杀销毁、彻底消毒等措施，先行控制疫情的蔓延传播。在肉鸡的养殖生产中，免疫接种是防治禽流感最为有效的措施。针对 H5 和 H7 的高致病性禽流感，有政府补贴的免费专用疫苗，实施到兽医站免费领取或先打后补的政策，疫苗的毒株由国家批准的专门单位经流行病学调查和分析匹配研制和发布使用，免疫效果确实；对 H9 等亚型的中等或低毒力禽流感感染，若养殖场所在地存在地区流行毒株，则应接种对应亚型及变异毒株的灭活疫苗；通常为10～14 日龄进行接种，对养殖禽龄长的要多次免疫，同时要做好生物安全措施和日常的生产管理，将发生禽流感疫情的可能性降到最低。

二、新城疫

该病是由新城疫病毒引起的禽急性高度接触性传染病，按照感染后病鸡表现出的临床症状，可分为速发型（在各年龄段鸡中引起急性致死性感染）、中发型（仅在易感的幼龄鸡造成致死性感染）和缓发型（表现为轻微的呼吸道感染和肠道感染或无临床症状）。

幼雏对本病最易感，肉鸡呈新城疫最急性感染时，常常突然发病迅速死亡，多见于流行初期和雏鸡。急性感染时，初期体温可达43～44℃，食欲废绝，昏睡不动，垂头缩颈或翅膀下垂，鸡冠、肉髯暗红发紫，随着病程发展则呈新城疫典型症状，如咳嗽、呼吸困难，有黏液性鼻液，张口呼吸，发出"咯咯"喘鸣，倒提时有大量酸臭液体从口角流出，粪便稀薄呈黄绿色，部分病鸡会出现神经症状如双翅、双腿麻痹等，病鸡临死前体温骤降，在昏睡中死亡，整个病程持续2～5天。亚急性或慢性感染时，初期症状与急性感染时相似，而后逐渐减轻，但同时出现神经症状，如跛行、站立困难、倒地划水、头颈扭转等，病死率较低，但存在瘫痪、半瘫痪的后遗症。

新城疫强毒株的传播能力和环境抵抗力极强，一旦进入到饲养环境中就很难根除，因此在防治工作中要特别重视生物安全措施，如防止带毒动物（鸟、鼠）进入生产区域、不从疫区引进种鸡种蛋、全进全出的饲养制度，以及做好环境、人员、车辆、器具的消毒等。接种疫苗仍是防控新城疫最重要的措施，但在接种工作中需要注意下几点：①虽然新城疫病毒只有1个血清型，但不同毒株间有时基因差异很大，因此在选择疫苗时，要注意与地区流行毒株的基因型相匹配，才能取得理想的免疫效果，尤其是基因Ⅶ型作为近10年来的主流行毒株，目前的免疫程序中都应选加有该基因型毒株的活疫苗及灭活疫苗；②母源抗体对新城疫的免疫效果有很大影响，在接种前要对鸡群的母源抗体水平进行检测，可待母源抗体降至合适水平时再进行接种；③鸡群的健康情况，特别是免疫抑制病的存在会严重影响新城疫的免疫效果，一定要在鸡群健康状况良好的情况下接种新城疫疫苗。本病无特异性治疗方法。

三、传染性支气管炎

该病是由传染性支气管炎病毒（IBV）引起的鸡的一种急性高度接触性呼吸道疾病。传染性支气管炎病毒的血清型众多，且缺乏系统的分型方法，目前检测诊断和疫苗株选用多采用基于 S1 基因的基因型分型方法。

各日龄鸡均易感。按照临床症状划分，可将传染性支气管炎分为 5 种类型：①呼吸型，主要表现为喘气、张口呼吸、咳嗽、呼吸啰音、打喷嚏等症状，雏鸡还可见鼻窦肿胀流鼻液、甩头，病情严重的可引起死亡；②肾型，多发生于 2～4 周龄鸡，最初表现为较轻微的呼吸道症状，如咳嗽、打喷嚏，而在呼吸道症状消失后不久鸡群会突然大范围发病，出现厌食口渴、拱背扎堆等症状，同时排出白色水样稀粪，泄殖腔周围羽毛污浊，全身发绀，发病后 10～12 天达到死亡高峰，病死率在 30% 左右；③肠型，也表现为短期的咳嗽、打喷嚏等呼吸道症状，但病毒在肠道中存在时间较长，可引起肠道病变；④肌肉型，在肉鸡中主要危害肉种鸡，表现为胸肌苍白、肿胀，偶见肌肉表面出血并有胶冻样水肿；⑤减蛋型，种鸡在产蛋期间感染，表现为短期有产蛋率下降，但常在 1 个月内回升，蛋壳质量较差或畸形蛋多。这些临床病状的分类，只是人们对鸡群感染过程中的症状和病变表现偏重上的初步认识，可指导对症治疗。最有效的防控措施还是疫苗免疫接种，注意选用血清型相匹配的疫苗毒株制成的疫苗。在规模化、集约化养鸡的现代，重点要做好 IBV 的早期免疫，防止 30 日龄内雏鸡因支气管堵塞而引起的呼吸道症状和死亡，以及种鸡在 20～60 日龄时感染 IBV 引发的假母鸡增多（对输卵管等有损伤，但当时无临床症状，到开产时输卵管发育不良呈短小状，蛋在体内液化呈水泡蛋而表现为不产蛋），造成不可恢复的损失。

对本病的预防，主要以疫苗免疫为主。在做好环境消毒的基础上，肉鸡可在 7 日龄通过滴鼻、点眼的方式，接种 Massachusetts 血清型的 H120 弱毒株和类 QX 毒株、类 491 毒株（国内流行毒株）的活疫苗进行免疫，并在 25～30 日龄时用含其他血清型毒株抗原成分的弱毒疫苗或灭活疫苗加强免疫 1 次。若养鸡场处在传染性支气管炎流行地区，可提前到 1 日龄、12～18 日龄进行免疫接种；肉种鸡的免疫一般在开产前，还要进行 2～3 次的灭活疫苗免疫，才可获得产蛋期的高免疫保护作用。

四、传染性喉气管炎

该病是由传染性喉气管炎病毒（ILTV）引起鸡的一种急性呼吸道传染病。传染性喉气管炎病毒只有 1 个血清型，但不同毒株的致病力差异很大。

自然条件下，本病主要侵害鸡，以成年鸡的症状最为典型。病鸡及康复后的带毒鸡是主要传染源，经上呼吸道及眼内传染。本病一年四季都能发生，但以冬、春季节多见。饲养管理不善会促进本病的发生。此病在同群鸡传播速度快，群间传播速度较慢，常呈地方流行性。

本病感染率高，但致死率较低。传染性喉气管炎在临床上可分为喉气管型和结膜型。

1. 喉气管型　由高致病性病毒株引起。特征是呼吸困难，抬头伸颈，并发出响亮的喘鸣声，表情极为痛苦，有时蹲下，身体随着一呼一吸而呈波浪式的起伏；咳嗽或摇头时，咳出血痰，血痰常附着于墙壁、水槽、食槽或鸡笼上；喉头出血；口腔中喉部黏膜有淡黄色凝固物附着，往往由于窒息而导致较高的病死率，病程一般为 5～7 天。慢性感染时多表现为生长迟缓。

2. 结膜型　低致病性病毒株引起的。其特征为眼结膜炎，眼结膜红肿，1～2 天后流眼泪，眼分泌物从浆液性到脓性，最后导致眼盲，眶下窦肿胀。

传染性喉气管炎病毒对外界环境抵抗力不强，不耐高温，且对多数消毒剂都敏感。因此，做好消毒等生物安全措施，是防控本病的最好方法。就疫苗免疫效果而言，因为该病主要依靠细胞介导免疫产生保护性，所以活疫苗免疫效果要远超过灭活疫苗，但活疫苗会带来较大的副作用和排毒风险，因此，对于未发生过本病的鸡场不建议使用活疫苗。近年来，推广在 5 日龄内使用插入 ILTV 免疫原基因的鸡痘重组病毒活疫苗（喉痘疫苗）做基础免疫，使对鸡痘产生免疫保护的同时又对 ILTV 产生了无副反应的基础免疫，使得 30 日龄时再免疫 ILTV 弱毒疫苗时副反应很轻微且有二次免疫的高保护效果，受到养殖户们的喜爱。

五、马立克氏病

马立克氏病是由鸡马立克氏病病毒引起的传染性肿瘤性疾病，是最常见的一种鸡淋巴组织增生性传染病。马立克氏病病毒共有 3 个血清型，其中，对鸡有致病性的是血清 1 型。

鸡是马立克氏病病毒最重要的自然宿主，不同品系鸡均可感染。雏鸡感染后，发病率和死亡率都很高；成年鸡感染后，一般无症状，但可持续通过皮屑排毒。本病潜伏期较长，一般于感染后 3～4 周才出现临床症状和病变。根据病变发生的主要部位和症状，分以下几种类型：

1. 内脏型　病鸡精神萎靡，羽毛松乱无光泽。行动迟缓，常缩颈蹲在墙角下。病鸡皮肤苍白，常排绿色稀便，消瘦，众多的内脏出现肿瘤。病鸡多有食欲，但往往发病半个月左右死亡。

2. 神经型　典型症状为"大劈叉"姿势。病侧肌肉萎缩，有凉感，爪多弯曲。当支配翅膀的臂神经受侵害时，如穿"大褂"。当颈部神经受侵害时，病鸡的脖子常斜向一侧，有时见大嗉囊及病鸡蹲在一处呈无声张口气喘的症状。病变多见坐骨神经、臂神经、迷走神经肿大，粗细不均，银白色纹理和光泽消失，有时发生水肿。

3. 皮肤型　病鸡褪毛后，可见体表的毛囊腔形成结节及小的肿瘤状物。在头颈部、翅膀、大腿外侧较为多见。肿瘤结节呈灰黄色，突出于皮肤表面，有时破溃。

4. 眼型　病鸡一侧或两侧眼睛失明，病鸡眼睛的瞳孔边缘不整齐呈锯齿状，虹彩消失，眼球如鱼眼，呈灰白色。

防止肉鸡在出雏室和育雏室感染马立克氏病病毒，是防治本病的重要措施。本病潜伏期长，发病较慢，生长周期短的肉鸡品种常常不接种疫苗，因为肉鸡上市时其经典症状还未到出现的时间；而对广西三黄鸡等生长周期较长的品种来说，建议在1日龄接种保护力高的 CVI988 等疫苗，防止该病的发生。

六、传染性法氏囊病

该病是由传染性法氏囊病病毒引起的鸡的一种急性高度接触性传染病。目前，已知的鸡传染性法氏囊病病毒共有2个血清型，引起鸡发病的主要是血清1型，而血清1型又可细分为6个亚型。

各种年龄和品种的鸡都能感染本病，以2～4周龄鸡最易感，发病后病死率较高。近几年，我国鸡群发病年龄多在17～20日龄，且在同一鸡群可反复发生。病鸡和带毒鸡是主要的传染源，本病可直接接触传播，也可经污染的饲料、饮水、空气、用具等间接传播。感染途径包括消化道、呼吸道和眼结膜等，但尚无垂直传播的证据。本病无明显季节性和周期性。

本病的流行特点：传染性强，传播快，感染率和发病率高，发病急，病程短，尖峰式死亡。饲养管理不当，疫苗接种程序及方法不合理，鸡群有其他疾病等，均可促使和加重本病的流行。临床特征：感染最初可见部分病鸡啄自己的泄殖腔，采食、饮水减少，畏寒扎堆，排白色稀粪，泄殖腔周围羽毛十分污浊，后期体温降低，鸡头垂地，极度虚弱而亡。特征病变：法氏囊出血、水肿，胸肌、腿肌出血，肾脏肿大并有尿酸盐沉积。幼鸡感染后还可引起免疫抑制，导致对多种疫苗的免疫应答性降低，对多种病原体的易感性增强，从而引起多种并发症和影响疫苗的免疫接种效果。本病还常与新城疫、禽流感、传染性支气管炎、鸡支原体病、大肠杆菌病等混合感染或相互继发感染。

传染性法氏囊病病毒在外界环境中极为稳定，对高温有很强的抵抗力，能够在鸡舍内长期存在并保持生物活性，因此，在日常消毒工作中要注意多次、反复地消杀。提高种鸡的母源抗体水平，对防治该病具有重要的意义。若种鸡在18～20周龄和40～42周龄经过2次灭活苗接种，可使雏鸡在2～3周龄内获得很好地保护。雏鸡在接种疫苗时易受到母源抗体的干扰，因此，在对雏鸡进行接种前要先测抗体阳性率，待鸡群抗体阳性率降至50%以下时再进行接种。

七、鸡传染性贫血

该病由鸡传染性贫血病毒引起鸡的一种传染病。特征是再生障碍性贫血和全身淋巴组织萎缩，造成免疫抑制，从而加重或导致其他疾病发生。鸡传染性贫血病毒只有1个血清型，且不同毒株间抗原性差别很小。

鸡是该病毒唯一的宿主，各年龄段鸡都易感。但易感性随年龄增长而下降，垂直传播是本病主要的传播方式。贫血是本病唯一的特征症状，其他症状还有精神萎靡、生长迟缓、皮肤出血等。

该病毒对乙醚和氯仿有较强抵抗力，且对高温和酸性环境也有一定抵抗力。目前，已有商品化的疫苗可供接种，效果良好，但价格较为昂贵。因本病主要传播方式为垂直传播，故淘汰阳性种鸡对防控本病具有重要意义，也是最为经济的防控手段。

八、禽腺病毒病

禽腺病毒在家禽中广泛存在，早年一般不引发疾病，而当家禽感染其他病原导致机体健康状况恶化时，禽腺病毒也会引起一些临床症状。在肉鸡中主要为鸡包涵体肝炎，而近年以心包积水为主要特征的安卡拉病造成较大损失。

一般鸡包涵体肝炎由禽腺病毒Ⅰ群的血清 11 型与 8 型引起，可垂直传播，5 周龄鸡最易感。病鸡精神沉郁、嗜睡、腹泻、羽毛粗乱，有些出现贫血和黄疸。剖检可见肝脏肿胀，因脂肪变性而脆弱易碎，有点状出血。

禽安卡拉病是由禽腺病毒Ⅰ群的血清 4 型引起，可垂直传播，也可水平传播。该病已在我国多地肉鸡群暴发，主要发生于 1~3 周龄的肉鸡、817、麻鸡，其中，以 5~7 周龄的鸡最为多发。发病鸡群多于 3 周龄开始死亡，4~5 周龄达到死亡高峰期，高峰持续期 4~8 天，5~6 周龄死亡减少；病程 8~15 天，死亡率达 20%~80%。该病有两个典型的特征，心包积液和肝炎。继发症状有肺水肿、肾水肿。发病鸡只精神沉郁，羽毛松乱，出现呼吸道症状，甩鼻、呼吸加快，部分有啰音，排黄白色稀粪。剖检变化主要是心肌柔软，无弹性，心包积水，为黄色透明液体；肝脏受损严重，可能呈肿胀、质脆、颜色变黄、点状出血或坏死等；多混有其他感染而表现为腺胃出血，肌胃糜烂，肠道出血。

该病的确认以分子生物学诊断为准确和快速。无菌取病鸡的肝脏进行研磨，从研磨液与心包积液中提取病毒 DNA，进行腺病毒 1~11 型 PCR 检测，结果为 4 型或 8b 型、11 型阳性即可确诊。

本病可垂直传播，因此，净化种鸡群是最为重要的防控措施。常发地区及污染场应进行早日龄的疫苗免疫，本病已有商品化疫苗可用，并常以联苗的形式（如新城疫—禽流感—禽腺病毒病、新城疫—禽腺病毒病灭活疫苗）出现。此外，增强鸡群抵抗力、减少应激因素，也对本病的防控具有重要作用。对发病鸡群可用匹配血清型的抗体以及从强心、护肝、通肾和解毒几个方面进行对症治疗：用强心药物（如牛磺酸、樟脑磺酸钠、安钠咖），来维持心脏功能；可用呋塞米等高效利尿药消除组织间液的水分，缓解心包积液和肝肾水肿；对于肝肾保护，可以使用中草药，如五苓散（茯苓、泽泻、猪苓、肉桂、白术）。配合使用维生素、葡萄糖、ATP、肌苷、辅酶 A 等补充能量，缓解病情，降低死亡率。

九、禽传染性脑脊髓炎

该病是由禽传染性脑脊髓炎病毒引起的一种病毒性传染病，又称流行性震颤。病毒的各毒株之间无血清学差异。

该病主要侵害幼龄鸡，但发病率比较低。垂直传播在该病的传播中起重要作用。自然发病通常在 1~2 周龄，2~3 周龄后很少出现临床症状。病鸡最初症状为目光呆滞，随后出现进行性共济失调、头颈震颤及非化脓性脑炎，最终虚弱死亡。种母鸡常呈隐性感染，导致一过性产蛋下降。

种鸡群应在生长期接种疫苗，保证其性成熟后不被感染，从而防止病毒垂直传播给种蛋。母源抗体也可在 2～3 周内为雏鸡提供保护。

十、禽呼肠孤病毒病

　　该病由禽呼肠孤病毒引起的。主要表现为肉鸡病毒性关节炎，也可能与鸡的矮小综合征、吸收不良综合征以及一些呼吸道和肠道疾病有关。不同毒株间有一定的毒力与抗原性差异，但总的来说，交叉免疫原性比较强。

　　本病主要侵害 4～16 周龄肉鸡和种鸡，急性病例多表现为跛行和发育不良，慢性病例跛行更为显著，鸡群增重慢，一般不引起死亡，但对屠宰废弃率影响很大。

　　该病毒对环境抵抗力极强，耐热、抗酸，乙醚、过氧化氢、2% 来苏儿、3% 福尔马林等都不能将其杀死，但对 70% 酒精和升汞等敏感。该病的消除十分困难，减少感染机会和及时淘汰阳性鸡，对本病的防控至关重要。对种鸡群进行免疫接种十分必要，一般在断喙时用活疫苗首免，6 周后用活疫苗二免，而在开产前用灭活疫苗进行三免加强免疫。这样做不仅可以使雏鸡获得较高的母源抗体水平，还可限制禽呼肠孤病毒的垂直传播，从而取得良好的防控效果。

十一、禽白血病

　　该病是由禽白血病/肉瘤病毒群中的病毒引起的禽类多种肿瘤性疾病的统称。主要以淋巴细胞性白血病最为常见。

　　鸡是本群所有病毒的自然宿主，且本群病毒能够垂直传播。本病潜伏期长，肉鸡感染后大多不发病或无临床症状，但可影响鸡体免疫力并使生长速度受到影响；而J亚群禽白血病常引起血管瘤及严重的免疫抑制，由净化工作不好的种鸡场提供的鸡苗常会造成养殖户养殖后期较大的经济损失。

本病无可用疫苗，也无特效疗法，只能通过检测和淘汰带毒种鸡来减少感染。

十二、禽网状内皮组织增殖病

该病是由网状内皮组织增殖病病毒群引起的禽类的一群病理学综合征，包括矮小病综合征、淋巴组织和其他组织的慢性肿瘤和急性网状细胞肿瘤。

白羽肉鸡因生长期短而至上市时常无病症表现，在长日龄优质肉鸡中则主要引起各种淋巴瘤，与禽白血病很难区分。至今尚无较好的防控方法，可参考禽白血病的防治方法进行联合防控。

第三节　常见细菌性疾病的防控

一、传染性鼻炎

该病由副鸡嗜血杆菌引起鸡的一种急性上呼吸道传染病。主要引起鸡鼻腔和鼻窦的炎症。现今公认的Kume分型法，将本菌分为A、B、C 3个血清群和A1、A2、A3、A4、B1、C1、C2、C3、C4共9个血清型。各血清型间的交叉保护力很弱，我国流行的菌株以A、

B、C 3 个血清群为主。

本病自然条件下，以 4～13 周龄的鸡最易感，且老鸡感染更为严重，主要经呼吸道和消化道传播。鼻腔和鼻窦发炎的病鸡，初仅表现为鼻流稀薄清液，后转为浆液性黏性分泌物，眼周及眼睑水肿、红胀，采食、饮水减少，间有腹泻，体重明显变轻，部分病鸡会因呼吸道内黏液阻塞窒息而死。虽然本病的发病率较高，但若无其他并发症，本病的病死率低。

副鸡嗜血杆菌抵抗力较弱，不耐热且对消毒剂敏感，对多种抗生素和磺胺类药物敏感。环境净化对本病的预防至关重要，在生产管理过程中要注意鸡舍的通风换气，饲养密度不能过高，勤用含氯消毒液消毒。免疫接种的主要对象是种鸡，可在 3～5 周龄和开产前接种多价灭活苗。对养殖周期长的土鸡，可在 30 日龄前免疫 1 次或在发生疫情时对肉鸡进行紧急接种。

二、鸡毒支原体病（鸡慢性呼吸道病）

该病是由鸡毒支原体引起的鸡的慢性呼吸道传染病。肉鸡主要表现为气管炎及气囊炎。鸡毒支原体的不同毒株间存在一定的免疫原性及致病性的差异。

3～6 周龄鸡对本病最易感，可通过垂直和水平两种方式传播，包括呼吸道、消化道等途径。本病呈慢性经过，多数病例症状较轻，几乎不被注意。幼龄鸡发病时症状较为典型，表现为浆液或黏液性鼻液堵塞呼吸道，病鸡频频摇头、咳嗽，食欲不振，生长停滞、迟缓，疾病后期偶见因分泌物堆积而失明，以及因关节炎而跛行。感染本病的成年鸡很少死亡，幼鸡如无并发症，病死率也比较低。

鸡毒支原体对外界的抵抗力不强，一般消毒剂都能将它杀灭，对热也敏感，对红霉素、泰乐菌素和利高霉素等抗生素敏感。接种灭活疫苗是预防鸡毒支原体感染的有效方法，可对种鸡进行多次免疫，以减少肉鸡的鸡毒支原体感染。

三、鸡沙门氏菌病

该病由各种沙门氏菌属细菌引起的鸡的疾病总称。危害最大的是鸡白痢、禽伤寒与禽副伤寒 3 种疾病。

沙门氏菌主要危害 3 周龄以内的雏鸡。雏鸡患鸡白痢时，最急性病例常无临床症状突然死亡，稍缓者精神委顿，绒毛松乱，两翼下垂，缩颈打盹，扎堆不动，排糊状粪便，干结在泄殖腔周围，最后因呼吸困难或心力衰竭而死亡。耐过鸡生长发育不良，并可持续排菌。禽伤寒在鸡中一般呈散发，多为急性，发病鸡会突然停食，排黄绿色稀粪，体温上升 1～3℃，通常 5～10 天内死亡，病死率为 10％～50％。禽副伤寒在鸡中以 2 周龄之内最为易感，经卵感染或在孵化器感染者常呈败血症迅速死亡，日龄较大的则多为亚急性经过，主要症状为水样腹泻，病死率有时可达 80％，1 月龄以上的雏鸡很少死亡。

沙门氏菌对日光和干燥等都有一定抵抗力，在外界环境中可以生存数周或数月，对化学消毒剂的抵抗力较弱，常用的消毒剂都能将其杀灭。通常情况下对多种药物敏感，但近年来耐药菌株很多，耐药现象普遍。选养净化工作做得好的种鸡场提供的鸡苗，是养殖户最好的选择。肉鸡场内阻止沙门氏菌的水平传播难度很大，预防本病还应从饲养管理和环境卫生出发，减少接触本菌的机会和发病诱因。目前市场上已有禽副伤寒疫苗，必要时可以进行免疫接种。此外，利用健康成年鸡消化道菌群制备出活菌制剂，然后将其接种给雏鸡，使其尽快建立自身肠道菌群，从而抑制沙门氏菌感染，已被证明对鸡白痢有较好的预防效果。

四、禽巴氏杆菌病

该病又称禽霍乱，是由多杀性巴氏杆菌引起的一种疾病，以败血症和出血性炎症为主要特征。

体温失调、抵抗力下降是本病发生的主要诱因。成年鸡最易感，2月龄以下的鸡很少发病，因此，本病对肉鸡的影响主要在于肉种鸡和养殖周期长的土鸡。肉鸡呈最急性型发病时，常无前驱症状，夜间死于鸡舍内，甚至有些在采食过程中突然倒地抽搐，并在数分钟内死亡；急性型在本病中最为常见，病鸡体温升至43～44℃，主要表现为精神沉郁，缩颈闭眼，离群呆立，常伴随腹泻，排黄灰白色或污绿色稀粪，鸡冠和肉髯肿胀呈青紫色并伴随热痛，最后衰竭昏迷而亡，病死率很高；慢性型较为少见，以慢性肠胃炎和慢性呼吸道炎症为主。

多杀性巴氏杆菌对理化因素和外界环境抵抗力不强，在日光直射和干燥条件下会迅速死亡，可被巴氏消毒法杀灭，对一般消毒剂也非常敏感，尤其是石灰乳和甲醛溶液。本菌对青霉素、链霉素、四环素类抗生素、磺胺类药物等敏感，但因长期用药使得临床上耐药的问题突出。对本病的防控，仍是以加强饲养管理和做好生物安全措施为主。若养鸡场处在流行地区，则可根据当地流行毒株的血清型来选用疫苗免疫接种，这在肉鸡行业严格执行减抗限抗的政策下，应是鸡场选择的方向。

五、禽大肠杆菌病

该病是由大肠杆菌的某些致病性菌株引起的禽类不同病型疾病

的总称，包括局部或全身性感染，在肉鸡中主要表现有腹膜炎、肠炎、脑炎和败血症等。

各年龄段的鸡对大肠杆菌都易感，但表现形式各不相同。经卵感染或在孵化后感染的鸡胚可出现死亡，不死者出壳数日内可能突然死亡。急性病例多见于雏鸡，表现为体温升高，鸡冠、髯发绀，发抖昏睡，畏寒扎堆，腹胀腹泻，个别有头颈歪斜的神经症状；慢性病例症状与急性相似，但腹泻更为剧烈，有时可见眼球、眼睑炎，7～10天内死亡。

大肠杆菌对外界环境的抵抗力较弱，不耐热也不耐干燥，对一般的消毒剂都敏感，尤其是含氯消毒剂。一般对广谱抗生素敏感，但存在一些有不同耐药性的耐药菌株。控制本病重在预防，多数大肠杆菌在健康鸡体内都处于不致病的共生状态，因此，良好的生产管理可对本病的控制起到关键作用。肉鸡养殖过程中一般不进行大肠杆菌疫苗的免疫接种。近年来，一些微生态活菌制剂的应用，已被证实对大肠杆菌病的预防有一定效果。

六、禽溃疡性肠炎

该病是由肠道梭菌引起的幼禽的一种急性传染病。病死禽以肝脾坏死、肠道出血溃疡为主要特征。

自然条件下，鸡可感染。雏鸡发病后临床症状与鸡球虫病相似，表现为消瘦、贫血及腹泻，粪便可能带血，有一种特殊的恶臭味。病死率通常较低，但高时可至70%～80%。

本菌的芽孢对外界环境和理化性质抵抗力特别强，能抵抗氯仿，在土壤中可长期存活，但对链霉素敏感。本病的防控应特别注意让鸡不与粪便接触，可使感染概率大大下降。

第四节　常见寄生虫病的防控

一、鸡原虫病

1. 球虫病　临床上根据发病程度，将鸡球虫病分为急性型和慢性型。

（1）急性型球虫病　由致病力强的柔嫩艾美耳球虫和毒害艾美耳球虫感染所致。前者引起急性盲肠球虫病，多见于20～30日龄的幼龄鸡；后者引起急性小肠球虫病，多见于40日龄以上的中大鸡。肉鸡发生盲肠球虫病时，先排棕红色粪便，然后变为纯粹血便，病程后期发生痉挛和昏迷，不久死亡。剖检可见双侧盲肠肿大，外观紫黑色，肠壁增厚，黏膜出血、坏死，肠腔内充满凝固血块。若是急性小肠球虫病，血粪呈酱油色，病程可长达数周。剖检见小肠中段肠管高度肿胀，可达正常的2倍以上，并且肠管缩短到只有原来正常的一半。肠壁增厚，黏膜严重坏死、脱落。在球虫裂殖体繁殖之处，有明显的淡白色斑点，在浆膜面上清晰可见，与许多小出血点相间分布。肠壁深部及肠腔中有凝固血液，使肠外观呈淡红色或黑色。急性盲肠球虫病及小肠球虫病，均可致肉鸡的大批发病死亡。

（2）慢性型球虫病　主要是由致病力中等的巨型艾美耳球虫和堆型艾美耳球虫感染所致。虽然症状不明显，但病程长达数周。患鸡逐渐消瘦，足和翅轻瘫，间歇性下痢，饲料便、水便和番茄样粪便增多。皮肤着色变差，鸡群均匀度差，最终导致料重比升高。

基于上述症状和病变，可做出初步诊断。再用显微镜检查粪便或对病变部位肠黏膜涂片观察，发现有大量球虫卵囊或裂殖体、裂殖子，即可确诊。

随着消费者对食品安全的高度重视，抗生素的使用将在全球范围受到严格限制，诸多食品巨头纷纷推出无抗肉食制品。2006年，欧盟全面禁止在饲料中使用促生长类抗生素；2014年，美国食品药物管理局公布行业指导性文件，计划用3年时间禁止在畜禽饲料中使用预防性抗生素；2016年，我国农业部发布的2428号公告禁止在饲料中添加硫酸黏菌素用于动物促生长，并于2020年开始禁止在饲料中添加抗菌药物用于动物促生长。由此可见，无抗饲料和减抗养殖是畜牧业发展的必然趋势。在国家大力倡导减抗、替抗养殖的新形势下，通过疫苗免疫替代药物防治球虫病将成为主流。

早在20多年前，我国就批准进口鸡球虫疫苗。但由于该进口疫苗为强毒活疫苗，使用时需抗球虫药来控制疫苗反应，而且没有适用于我国肉鸡养殖生产的配套免疫接种技术。因此，该疫苗引进中国后只在肉种鸡中使用，未能在养殖数量巨大、深受球虫病困扰的肉鸡生产中使用。国产的鸡球虫疫苗于2008年上市后，由于是弱毒疫苗，而且有配套的饮水免疫接种方法，得到了广泛应用。目前，在我国100多家大型养鸡企业得到广泛使用。该疫苗只需在孵化厂鸡苗出壳时喷淋接种，或者在肉鸡场通过饮水或拌料接种，然后，鸡群循环感染球虫疫苗后代卵囊而加强免疫，即可建立良好的抗球虫保护力。

2. 卡氏住白细胞虫病 该病的发生及流行与其传播媒介库蠓的活动直接相关。当气温在20℃以上时，库蠓繁殖快、活力强，本病发生和流行日趋严重。由于热带、亚热带地区全年气温高，故本病可全年发生。各日龄鸡对本病都易感，以3～6周龄鸡发病率高，病情最严重，死亡率可达50%～80%；中鸡也会严重发病，但死亡率不高，一般在10%～30%；大鸡的死亡率通常为5%～

10%。据观察，纯外来品种鸡，如艾维茵肉鸡、AA肉鸡较本地黄羽肉鸡更为易感，死亡较严重，但这些鸡通常养在封闭环控鸡舍内，库蠓不易进入而不常发病。我国的黄羽肉鸡通常在半开放式的鸡舍内饲养，容易受到库蠓叮咬而感染卡氏住白细胞虫。各品种类型的黄羽肉鸡中，又以长速最快的黄羽肉鸡最易感，其次是中速型的，慢大型有抵抗力。

本病典型症状常见于小鸡和中鸡。严重感染时，病鸡常因内脏出血、咯血和呼吸困难而突然死亡。特征性症状是死前口流鲜血，因而常见水槽和料槽边沾有病鸡咯出的红色鲜血。病情稍轻者，卧地不动，减食或废食，羽毛松乱，拉绿色稀粪，有些经历数天而死于内出血，但有些患鸡可耐过而康复。大鸡感染本病时，死亡率不高，临床症状是白冠，拉稀，粪便呈白色或绿色水样，生长发育受阻。

病死鸡剖检特征性病变是鸡冠苍白，口流鲜血，全身性广泛出血，骨髓变黄，肌肉及某些内脏器官表面出现白色小结节。全身性出血包括全身皮下出血；肌肉出血，常见胸肌和腿肌有出血点或出血斑；内脏器官广泛出血，其中，又以肺、肾和肝最为常见。这种广泛性出血是由于虫体寄生繁殖，破坏各器官组织微细血管内皮细胞所造成的。胸肌、腿肌、心肌以及肝、脾等实质器官表面有针尖大至粟粒大的白色小结节。这些小结节明显突出于器官组织表面，并且与周围组织有明显分界，是裂殖体的聚集点。

根据临床症状、剖检病变及发病季节可做出初步诊断。进一步确诊主要通过病原学检查，即取病鸡的血液或脏器（肝、脾、肺、肾等）做成涂片，经姬姆萨染色液染色后，光学显微镜油镜头下观察，发现血细胞中的配子体而确诊；或者挑取肌肉或内脏器官中白色小结节，做成压片标本，在低倍显微镜下观察，发现圆形裂殖体而确诊。

杀灭媒介昆虫库蠓，是防治本病的重要一环。库蠓的幼虫生活于水质较为干净的流动水沟或水田中，而不是在污水及粪便中，因此，较难针对库蠓幼虫采取有效的杀灭措施。但可用杀虫剂（如氯氰菊酯）喷洒鸡舍周围环境，以杀灭库蠓成虫，或采取适当措施防止库蠓进入鸡舍。用药治疗应在感染的早期进行，最好是根据当地以往本病发生的历史，在其即将发生或流行初期，进行药物预防。常用药物有磺胺喹噁啉（SQ）、氯羟吡啶、氯苯胍等。

3. 组织滴虫病　鸡组织滴虫病又称盲肠肝炎或黑头病，是由火鸡组织滴虫（*Histomonas meleagridis*）寄生于禽类盲肠和肝脏引起。长期以来认为，本病主要危害火鸡，而鸡组织滴虫病仅表现暂时性的盲肠病变（盲肠炎），病情轻。但近年来的深入研究表明，本病对黄羽肉鸡、肉种鸡的危害大，除导致死亡和淘汰率高外，还长期影响种鸡的产蛋性能。

本病潜伏期为15～21天，最短5天。病鸡表现精神不振，食欲减退甚至废绝，羽毛松乱，翅膀下垂，身体蜷缩，怕冷，下痢，排淡黄色或淡绿色粪便。发病末期，有些病鸡因血液循环障碍，鸡冠呈暗黑色，因而有"黑头病"之名。

病变主要在盲肠，其次在肝脏，出现盲肠炎和肝炎。盲肠首先遭受感染，疑似温和型球虫病。一般仅一侧盲肠发生病变，有时为两侧。典型病变为盲肠壁增厚，管腔内充满干酪样渗出物或坏疽块，堵塞整个肠腔，肠管异常膨大。横切肠管，切面呈同心圆状，虫体多见于黏膜固有层。肝脏表面见黄色或黄绿色的溃疡病灶，绿豆大到指头大，有时病灶为散发的，有时密布于整个肝脏表面，甚至融合成片。

剖检病死鸡，发现有本病典型病变，一般可做出初步诊断。确诊应进行病原学检查，具体方法是：用40℃的生理盐水稀释盲肠黏膜刮下物，制成悬滴标本，置显微镜下观察，发现呈钟摆样运动的虫体；或取肝组织印片，经姬姆萨染色液染色后镜检，发现组织型虫体，即可确诊。

地美硝唑是治疗组织滴虫病的特效药，而且不易产生耐药性。注意同时寄生于盲肠的异刺线虫，其虫卵携带组织滴虫进入鸡体是主要感染来源。因此，采用阿苯达唑定期驱除异刺线虫，可以达到间接预防组织滴虫病的目的。

二、鸡蠕虫病

1. 线虫病　感染肉鸡的线虫主要是鸡蛔虫和异刺线虫，鸡是通过直接食入含感染性虫卵或带有虫卵的蚯蚓，或者摄食被感染性虫卵污染的饲料和饮水而感染。鸡蛔虫和异刺线虫虫卵在外界环境有较强的存活能力，在土壤中能存活数月之久。

鸡蛔虫的幼虫钻入肠黏膜时，破坏黏膜及肠绒毛，造成出血和发炎，并易导致病原菌继发感染，在肠壁上常有颗粒状化脓灶或结节形成。严重感染蛔虫时，可见大量成虫在小肠聚集，互相缠结，甚至引起肠破裂和腹膜炎。患鸡表现为生长发育不良，行动迟缓，翅膀下垂，羽毛松乱，鸡冠苍白；如果大量蛔虫堵塞肠管造成消化机能障碍，患鸡则食欲减退，下痢和便秘交替，稀粪中混有带血黏液，严重时渐趋衰弱而死亡。

鸡严重感染异刺线虫时，可引起盲肠炎和下痢。此外，异刺线虫还是组织滴虫病的病原体火鸡组织滴虫的传播媒介。当鸡体内同时有异刺线虫和组织滴虫寄生时，后者可侵入异刺线虫的卵内，并随之排出体外。由于组织滴虫得到异刺线虫卵壳的保护，不致受外界环境因素的损害而长期存活，当鸡食入这种虫卵时，可同时感染异刺线虫和火鸡组织滴虫。病鸡消化机能障碍，食欲不振，下痢。雏鸡发育停滞，消瘦，严重时可造成死亡。病鸡尸体消瘦，盲肠肿大，肠壁发炎和增厚，间或有溃疡。

由于线虫病的症状缺乏特异性，因此需进行粪便检查和尸体剖检进行确诊。可用直接涂片法或漂浮集卵法检查粪便，发现大量虫卵（要注意蛔虫虫卵与异刺线虫卵的区别）。剖检小肠发现大量芽菜样虫体时，可确诊为鸡蛔虫病；在盲肠尖部发现大量针尖大小虫体时，可确诊为异刺线虫感染。

针对线虫病，可选用阿苯达唑，每次间隔 1 个月进行定期驱虫，药物剂量为每千克体重 25 毫克。鸡舍周围运动场上的粪便应经常清除，并集中起来进行堆沤发热处理，运动场每隔一段时间铲去表土，换新土；鸡舍垫料勤于更换；饲槽和饮水器每隔 1～2 周用沸水消毒 1 次。

2. 绦虫病 感染肉鸡的绦虫，主要有棘沟赖利绦虫、四角赖利绦虫和有轮赖利绦虫。这几种绦虫呈全球性分布，可能与其中间宿主——蚂蚁、蝇和鞘翅目昆虫的广泛分布密切相关。

棘沟赖利绦虫、四角赖利绦虫和有轮赖利绦虫都是寄生在鸡体的大型绦虫，虫体以机械刺激和阻塞肠腔，其代谢产物的毒素作用，以及夺取宿主大量营养物为基本致病因素。可引起肠炎，虫体聚集成团时导致肠道阻塞，甚至肠管破裂而引起腹膜炎；虫体代谢产物引起鸡中毒症状，有时甚至出现神经性痉挛。

当严重感染时，患鸡首先发生消化障碍，往往下痢，食欲降低，迅速消瘦。患鸡精神沉郁，不喜运动，两翼下垂；红细胞与血红蛋白显著减少，黏膜黄染。雏鸡生长发育受阻或完全停止。常见到雏鸡因体弱或伴发继发感染而死亡。

病理变化主要是肠黏膜肥厚，肠腔内有多量黏液，恶臭；可视黏膜苍白，黄染。棘沟赖利绦虫感染时，肠壁上有结核样结节，结节中间有黍粒大的凹陷，在此常有虫体存在，或填充着黄褐色凝乳样栓塞物，也有变化为疣状溃疡者。

绦虫病的诊断可以采取粪检法，发现赖利绦虫节片或虫卵而确诊。本病难以确诊时，可进行剖检或诊断性驱虫，以发现虫体而确诊。

定期检查鸡群，及时进行驱虫（药物选用可参考线虫病）。根据绦虫有1个多月的发育史，每隔1个月驱虫1次，这样可以避免绦虫发育到成虫后排出大量虫卵而污染场地。驱虫用药后及时清除粪便和垫料，并进行堆沤发酵处理，利用生物热杀灭其中的孕卵节片或虫卵。

预防措施重点放在消灭中间宿主上，针对蚂蚁、金龟子等做好灭虫工作。另外，鸡舍场地要坚实、平整，周围避免堆放碎石、朽木、垃圾等物品，杜绝中间宿主的孳生。

三、鸡体外寄生虫病

感染肉鸡的体外寄生虫主要是新勋恙螨，该虫在湿润的环境孳生，特别是杂草丛生以及遮阴的灌木丛、竹林、果树林等处尤多。新勋恙螨的生活史，包括卵、幼虫、若虫和成虫4个阶段。只有幼螨常爬于小石块或草的尖端，当宿主鸡经过时爬至其体表营寄生生活，其余3个阶段在环境中营自由生活。因此，只有放养的黄羽肉鸡才遭受感染。每年夏、秋两季的感染率较高。

新勋恙螨幼虫主要寄生在鸡体皮肤细嫩、湿润之处，如翅膀内侧、胸肌两侧和腿的内侧。由于幼螨成群地用口器针刺鸡体皮肤，引起皮肤严重损伤。起初皮肤上见洞状小点，以后成为"痘疹状"病灶，故称之为"鸡螨痘"。病灶周围隆起，中央凹陷呈肚脐形，中央可见小红点即幼螨聚集处。大量寄生时，病鸡表现疼痛，搔痒不安，垂头，不食，贫血。

根据特征性痘疹状病灶可做出初步诊断，用小镊子取出病灶中央的小红点，在显微镜下检查，见到鸡新勋恙螨幼虫即可确诊。

可使用氟雷拉纳杀灭螨，饮水给药也比较方便。同时，鸡舍及其周围环境用杀螨剂喷洒，以杀灭新勋恙螨若虫和成虫。搞好鸡舍周围的环境卫生，鸡群特别是雏鸡不要在低洼潮湿和杂草丛生的地方放牧，以防感染。

第五节　营养代谢病的防控

一、肉鸡腹水综合征

该病是肉鸡营养代谢病中最常见的一种，不具传染性。发病原因主要是饲料中营养成分配比不平衡，能量过高，导致肉鸡生长过快而引发一系列的症状。

发病肉鸡采食、饮水量明显减少，精神不振，因站立不稳而喜卧，腹围明显增大，触诊有强烈波动感，腹部皮肤颜色发紫，发病肉鸡死亡率为 10%～20%。

预防和治疗本病最有效的措施是，在饲料中加入一些饲料添加剂，效果良好的有亚麻油、L-精氨酸、柠檬酸、L-肉碱、辅酶 Q10等。同时，要注意降低饲料中的能量，避免喂食过多的饲料。

二、肉鸡脂肪肝综合征

该病是肉鸡营养代谢病中比较常见的疾病。主要由于肉鸡能量摄入过高而某些微量营养成分不足或不平衡，造成机体内代谢机能紊乱，而导致肝脏脂肪过度沉积及出血症状。

本病多见于 3～4 周龄的肉仔鸡。病鸡肥胖，往往突然发生嗜睡及麻痹现象，有的病例会猝死，通常没有其他的明显症状。

防治本病要从多方面入手。首先要加强管理，严格按照养殖程序饲养，防止鸡群受到惊吓，保持适宜的饲养密度，加强日常的通风换气工作，调控好舍内的温度，注意夏季的防暑降温工作，及时提供清凉的饮水。注意对鸡群合理的限饲，避免体重过大、过肥，要科学合理地配制日粮，日粮中各营养物质的比例要适宜，保证营养物质的全面、均衡。在养殖过程中要防止鸡群发生应激反应，可在饲料或者饮水中添加抗应激类的添加剂，减少鸡群应激的发生。做好日常鸡群的疾病控制工作，提高鸡群的抵抗力，对于患病鸡，可通过饲喂胆碱、肌醇、维生素 E 和维生素 B_{12} 等物质进行治疗。

三、肉鸡猝死综合征

该病是由心律不齐诱发的心脏功能急性障碍而导致的心源性突然死亡。饲料中脂肪和糖类含量高，钾、钙、磷、硒、维生素的缺乏，都与本病的发生密切相关。

本病多发于生长迅速、体态丰满、外观健康的幼龄仔鸡，由于发病前期没有任何症状，因此很难及时进行治疗，只能通过日常的饲养管理进行预防。有效的管理措施有：①合理进行限饲，减缓肉鸡的生长速度，减轻肉鸡的心肺负担；②在饲料中添加碳酸氢盐和钾、钙、磷、硒等元素，同时还要注意维生素的补充，可有效降低猝死综合征的发病率。

四、痛风

该病是因核蛋白和嘌呤碱代谢障碍导致血液中尿酸含量过高而

引起的疾病。临床上依据尿酸盐沉积的部位，可分为内脏型痛风和关节型痛风。

肉鸡比较容易发生内脏型痛风，多数呈慢性经过，主要可见肾、输尿管的尿酸盐沉积，也可见心、肝、脾、肠系膜有尿酸盐沉积物。有时可见贫血，排出混有大量尿酸盐的白色稀粪，可引起死亡。关节型痛风相比内脏型少见，表现为关节肿大，出现垂翅、跛行，症状较为典型。

预防本病，在饲养管理上要注意饲料中蛋白质的含量，尤其是动物性蛋白质应适量，补充维生素 A，并给予充足的饮水，不要长期或过量使用对肾脏有损害作用的药物等。对发生本病的病鸡，可用肾肿解毒药加入饮水中，饲喂 3～5 天进行治疗，治疗期间加饮 5％的葡萄糖溶液效果更好。

五、胫骨发育不良

本病的发病原因与机制还不明确，但与饲料中的电解质组成密切相关。饲料中离子浓度失衡或磷含量过高，容易引起肉鸡的胫骨发育不良。

胫骨发育不良的肉鸡前期症状不明显，患病后期采食量减少，运动能力下降，生长发育停滞，进而行走困难。同时随着肉鸡的生长，不良软骨块的不断增生和形成，会使病鸡双腿弯曲，胫骨骨密度和强度显著下降，最终导致病鸡胫骨骨折，出现跛行，严重时可致死。

胫骨发育不良的病程较长，可以及时进行治疗。例如，改善饲料配比，减少磷的含量，以及补充饲喂维生素 D，可有效促进病鸡骨骼的正常发育。在肉鸡未发病时，在日常饲养管理中加以落实以上措施，可预防本病的发生。

第七章
肉鸡疾病精准用药

　　兽药是指用于预防、治疗、诊断动物疾病，或者有目的地调节动物生理机能的物质。兽药包括血清制品、疫苗、诊断制品、微生态制剂、中药材、中成药、化学药品、抗生素、生化药品、放射性药品及外用杀虫剂、消毒剂等。肉鸡在养殖过程中，常用的兽药主要包括化学药品和抗生素、疫苗、中兽药和消毒剂等。

　　养殖场应建立生物安全防控措施，并在肉鸡养殖过程严格落实，减少疾病的发生。疾病发生时，科学、合理地使用兽药，做到"少用药、用好药"，保障鸡肉、蛋产品的质量安全。

第一节　肉鸡合理用药技术

一、肉鸡科学用药基本知识

　　兽药的科学、合理使用，可以最大限度地发挥药物的治疗和预防作用，减少药物的毒副作用，降低药物的不良反应，同时，也可以保障动物源性食品的安全。

　　养殖场应向合法的供应商采购兽药，有条件的企业应加强对供应商的审计管理。

养殖场采购兽药时，使用"国家兽药查询"手机客户端（APP）对标签上的二维码进行扫描，以获取兽药产品相关信息，并与农业农村部批准的信息进行核对。核对的内容包括兽药生产企业信息、兽药产品批准文号、标签和说明书内容（以上信息见 http：//vdts.ivdc.org.cn：8081/cx/）。建议养殖企业关注农业农村部办公厅定期发布的兽药质量监督抽检情况的通报（通报内容见 http：//www.ivdc.org.cn/bgt/cjtb/），不要采购重点监控生产企业的产品，以及存在非法添加或不合格生产情况的企业的产品。

禁止使用假、劣兽药，以及农业农村部禁止使用的药品及其他化合物（见农业农村部公告第 250 号）。禁止在饲料和饮水中添加激素、兽用原料药和人用药品。

兽药使用者应当遵守农业农村部制定的兽药安全使用规范，建立用药记录。

（一）处方药管理

我国实行兽用处方药和非处方药分类管理制度，发布了《兽用处方药和非处方药管理办法》。

兽用处方药是指凭兽医处方方可购买和使用的兽药，没有兽医开具的处方，任何人不得销售、购买和使用兽用处方药。农业农村部制定了兽用处方药品种目录。

农业农村部颁布了《执业兽医管理办法》，从事动物诊疗的，应凭执业兽医资格证书向当地县级人民政府兽医主管部门备案；经备案的执业兽医，方可从事动物诊疗、开具兽药处方等活动。

对于执业兽医开具的兽医处方笺，应当记载下列事项：①禽主姓名或动物饲养场名称；②动物种类、日龄、体重及数量；③诊断结果；④兽药通用名称、规格、数量、用法、用量及休药期；⑤开具处方日期及开具处方执业兽医的注册号和签章。

处方笺一式三联。第一联由开具处方药的动物诊疗机构或执业兽医保存；第二联由兽药经营者保存；第三联由禽主或动物饲养场保存。处方笺应当保存 2 年以上。

另外，农业农村部还制定了乡村兽医基本用药目录。

（二）休药期

食品动物使用兽药后，药物的原型或其代谢物可能蓄积、残存在动物的组织、器官或产品（如奶、蛋、蜂蜜等）中，造成动物性食品中此类物质的残留。

兽药经过一系列的毒理学试验研究，确定最大无作用剂量后，确定毒理学的每日允许摄入量（ADI），对于抗菌药物，还需要确定对微生物的 ADI，两者取小者。参照国际通用的方法，制定出最大残留限量（MRL）标准，即只要残留标志物（兽药原型或其主要代谢物）在食品动物中的残留量不超过该标准，对消费者的健康就不会产生影响。农业农村部、国家卫生健康委员会及国家市场监督管理总局联合制定了《食品安全国家标准　食品中兽药最大残留限量》（GB 31650—2019）。

休药期（WTD）是指食品动物按照兽药标签、说明书推荐的用法用量最后一次用药后，经动物体内代谢和排泄，动物可食组织（肌肉、肝、肾和脂肪）中兽药残留量低于兽药最大残留限量标准所需要的最短时间。

肉鸡养殖过程中确需使用兽药治疗疾病时，应严格按照国家的相关规定或标准使用，并准确、真实地做好记录。养殖场应向肉鸡购买者或屠宰者提供准确、真实的用药记录，并确保肉鸡出栏时严格执行休药期的规定。

（三）合理用药

合理用药的原则是在正确诊断的基础上，合理选择药物，按照说明书推荐的用法用量使用，充分发挥药物的疗效，尽量减少和避免不良反应的发生。

1. 诊断　正确诊断是合理用药的前提。需要正确认识动物发病过程，做到有的放矢。在正确诊断的基础上，选择合适的药物。

2. 用药　治疗的关键在于选择药物和制订给药方案。当有几种药物可供选择时，要根据疾病的病理学特征、药物的动力学特性和药效等，选择药效可靠、安全、方便、价廉易得的药物。若养殖场发生感染性疾病需要用抗菌药物治疗时，用药前要尽可能做药敏试验，能用窄谱抗菌药的，就不用广谱抗菌药。给药方案应包括药物、给药剂量、给药途径、给药间隔、疗程和休药期等。

3. 用药调整　针对疾病的复杂性和治疗过程的复杂性，要密切关注用药过程，认真观察疗效和不良反应。若药效不确切或不良反应严重，随时调整用药方案。

4. 合理的联合用药　一般来说，应选择最有效、安全的药物进行治疗，尽量避免联合用药。联合用药的目的，即增强疗效，降低毒性和减少副作用，延缓耐药性的发生。①增强疗效，如林可霉素与大观霉素联合使用，可提高抗菌能力，扩大抗菌谱；②降低毒性和减少副作用，如磺胺类药与碳酸氢钠合用可碱化尿液，减少磺胺类药的不良反应。反对滥用药物，尤其不能滥用抗菌药物。抗菌药物与解热镇痛药的联合使用应慎重。

5. 避免兽药残留　肉鸡用药后，应严格遵守休药期的规定，保证肉鸡产品兽药残留不超标。

6. 疫苗免疫注意事项　养殖场应根据本场所养肉鸡品系、疫病流行特点和季节变化，制订相应的免疫程序。应严格按照疫苗标签和说明书使用，并做好详细记录，记录内容包括疫苗名称、批号、使用方法和剂量等。活疫苗接种前 1 周和接种后 10 天，不得以任何方式给予抗菌药物。活疫苗用于饮水免疫时，不得使用含消毒剂的饮水。

二、常用给药方式

肉鸡常用的给药方式有混饮、混饲、内服给药和肌内注射等。

1. 混饮给药　兽药通过添加到动物饮水中使用发挥治疗作用。常用于混饮给药的兽药制剂有溶液剂、可溶性粉剂、可溶性颗粒以及合剂、部分中药散剂或粉剂等。

混饮给药方式分两种：一种是将药物按标签和说明书规定浓度添加到饮水中；另一种是根据肉鸡的体重计算给药量，然后将药物添加到饮水中，约2小时内饮完，该种方式给药前肉鸡一般需要禁水2小时。

2. 混饲给药　兽药通过添加到肉鸡饲料中使用发挥治疗作用。常用于混饲给药的兽药制剂包括预混剂、散剂等。例如，抗球虫药、中兽药制剂等，一般是将药物按照说明书推荐剂量添加到饲料中拌匀，然后饲喂。

3. 内服给药　直接将药物投喂给肉鸡（如片剂）或按照给药剂量，将药物与少量的饲料混合后饲喂肉鸡（如颗粒剂、粉剂）等。

4. 肌内注射　将药物注射至肉鸡体内，迅速发挥作用。这种给药方式起效快，但对肉鸡应激比较大，很少使用。仅限于注射液或注射粉针剂，其他剂型不能注射给药。

第二节　肉鸡场常用化学药物

一、常用的抗微生物药物

（一）β-内酰胺类

氨苄西林（钠）可溶性粉

【作用与用途】β-内酰胺类抗生素。用于氨苄西林敏感菌的感染。

【用法与用量】以氨苄西林计。混饮：每升水60毫克。

【不良反应】暂无。

【注意事项】对青霉素酶敏感，对青霉素耐药的革兰氏阳性菌感染不宜应用。

【休药期】7日。

阿莫西林可溶性粉

【作用与用途】β-内酰胺类抗生素。主要用于敏感的革兰氏阳性菌和革兰氏阴性菌感染。

【用法与用量】以阿莫西林计。内服：一次量，每千克体重20～30毫克，每天2次，连用5天。混饮：每升水60毫克，连用3～5天。

【不良反应】对胃肠道正常菌群有较强的干扰作用。

【注意事项】①对青霉素耐药的革兰氏阳性菌感染不宜使用；②饮水时应现配现用。

【休药期】7 天。

注射用头孢噻呋（钠）

【作用与用途】β-内酰胺类抗生素。主要用于治疗鸡细菌性疾病，如大肠杆菌、沙门氏菌感染等。

【用法与用量】皮下注射：1 日龄雏鸡，每羽 0.1 毫克。

【注意事项】①对肾功能不全者应调整剂量；②现配现用，临用前以注射用水溶解。

（二）氨基糖苷类

硫酸新霉素可溶性粉

【作用与用途】氨基糖苷类抗生素。用于治疗敏感的革兰氏阴性菌所致的胃肠道感染。

【用法与用量】以新霉素计。混饮：每升水 50～75 毫克，连用 3～5 天。

【休药期】5 天。

硫酸新霉素溶液

【作用与用途】氨基糖苷类抗生素。主要用于治疗敏感的革兰氏阴性菌所致的肠道感染。

【用法与用量】以新霉素计。混饮：每升水 50～75 毫克，连用 3～5 天。

【休药期】5 天。

硫酸安普霉素可溶性粉

【作用与用途】氨基糖苷类抗生素。用于治疗革兰氏阴性菌引起的肠道感染。

【用法与用量】以安普霉素计。混饮：每升水 250～500 毫克，连用 5 天。

【不良反应】内服可能损害肠壁绒毛而影响肠道对脂肪、蛋白质、糖、铁等的吸收；也可引起肠道菌群失调，发生厌氧菌或真菌等二重感染。

【注意事项】①本品遇铁锈易失效，混饲机械要注意防锈，也不宜与微量元素制剂混合使用；②饮水给药必须当天配制。

【休药期】7 天。

盐酸大观霉素可溶性粉

【作用与用途】氨基糖苷类抗生素。用于革兰氏阴性菌及支原体感染，如大肠杆菌病、鸡白痢、慢性呼吸道病。

【用法与用量】以盐酸大观霉素计。混饮：每升水 0.5～1 克，连用 3～5 天。

【注意事项】大观霉素对动物毒性相对较小，很少引起耳毒性和肾毒性。但可能会和氨基糖苷类药物一样，引起神经肌肉阻滞。

【休药期】5 天。

盐酸大观霉素盐酸林可霉素可溶性粉

【作用与用途】氨基糖苷类抗生素。用于治疗革兰氏阴性菌、阳性菌及支原体感染。

【用法与用量】以大观霉素计。混饮：5～7 日龄雏鸡每升水 200～320 毫克，连用 3～5 天。

【注意事项】仅用于 5～7 日龄雏鸡。

（三）四环素类

盐酸土霉素可溶性粉

【作用与用途】四环素类抗生素。用于治疗鸡敏感大肠杆菌、沙门氏菌、巴氏杆菌及支原体引起的感染性疾病。

【用法与用量】以土霉素计。混饮：每升水 150～250 毫克，连用 3～5 天。

【不良反应】长期应用，可引起肝脏损害。

【注意事项】①本品不宜与青霉素类药物和含钙盐、铁盐及多价金属离子的药物或饲料合用；②不宜与氯含量高的自来水和碱性溶液混合。

【休药期】5 天。

（四）大环内酯类

硫氰酸红霉素可溶性粉

【作用与用途】大环内酯类抗生素。用于治疗革兰氏阳性菌和支原体引起的感染性疾病。如鸡的葡萄球菌病、链球菌病、慢性呼吸道病和传染性鼻炎。

【用法与用量】以红霉素计。混饮：每升水 125 毫克，连用3～5 天。

【不良反应】动物内服后常出现剂量依赖性胃肠道紊乱，如腹泻等。

【注意事项】①本品禁与酸性物质配伍；②与其他大环内酯类、林可胺类作用靶点相同，不宜同时使用；③与β-内酰胺类合用表现拮抗作用；④有抑制细胞色素氧化酶系统的作用，与某些药物合用可抑制其代谢。

【休药期】3 天。

酒石酸泰乐菌素可溶性粉

【作用与用途】大环内酯类抗生素。主要用于治疗支原体及敏感革兰氏阳性菌引起的感染性疾病。

【用法与用量】以泰乐菌素计。混饮：每升水 500 毫克，连用3～5 天。

【休药期】1 天。

酒石酸泰万菌素可溶性粉

【作用与用途】大环内酯类抗生素。用于鸡支原体感染和其他敏感细菌的感染。

【用法与用量】以泰万菌素计。混饮：每升水 200～300 毫克，连用 3～5 天。

【注意事项】不宜与β-内酰胺类药物联用。

【休药期】5 天。

酒石酸泰万菌素预混剂

【作用与用途】大环内酯类抗生素。用于鸡支原体感染和其他敏感细菌的感染。

【用法与用量】以泰万菌素计。混饲：每 1 000 千克饲料 100～300 克，连用 7 天。

【注意事项】不宜与β-内酰胺类药物联用。

【休药期】5 天。

替米考星溶液

【作用与用途】大环内酯类抗生素。用于治疗由巴氏杆菌及支原体感染引起的鸡呼吸系统疾病。

【用法与用量】以替米考星计。混饮：每升水 75 毫克，连用 3 天。

【不良反应】本品对动物的毒性作用主要表现在心血管系统，可引起心动过速和收缩力减弱。

【休药期】12 天。

替米考星可溶性粉

【作用与用途】大环内酯类抗生素。主要用于鸡支原体感染、巴氏杆菌感染。

【用法与用量】以替米考星计。混饮：每升水 75 毫克，连用 3 天。

【不良反应】本品对动物的毒性作用主要表现在心血管系统，可引起心动过速和收缩力减弱。

【休药期】10 天。

磷酸泰乐菌素预混剂

【作用与用途】大环内酯类抗生素。主要用于防治鸡支原体感染引起的疾病，也用于治疗鸡产气荚膜梭菌引起的坏死性肠炎。

【用法与用量】以泰乐菌素计。混饲：每1 000 千克饲料，用于治疗细菌及支原体感染，鸡4～50克；用于治疗产气荚膜梭菌引起的鸡坏死性肠炎，鸡50～100克，连用7天。

【不良反应】可引起剂量依赖性胃肠道紊乱。

【注意事项】①与其他大环内酯类、林可胺类作用靶点相同，不宜同时使用；②与β-内酰胺类合用表现为拮抗作用；③可引起人接触性皮炎，避免直接接触皮肤，沾染的皮肤要用清水洗净。

【休药期】5天。

（五）酰胺醇类

氟苯尼考粉

【作用与用途】酰胺醇类抗生素。用于巴氏杆菌和大肠杆菌所致的细菌性疾病。

【用法与用量】以氟苯尼考计。内服：每千克体重20～30毫克，每天2次，连用3～5天。

【不良反应】本品高于推荐剂量使用时，有一定的免疫抑制作用。

【注意事项】疫苗接种期或免疫功能严重缺损的肉鸡禁用。

【休药期】5天。

氟苯尼考可溶性粉

【作用与用途】酰胺醇类抗生素。用于治疗鸡敏感细菌所致的细菌性感染。

【用法与用量】以氟苯尼考计。混饮：每升水100～200毫克，连用3～5天。

【不良反应】【注意事项】同氟苯尼考粉。

【休药期】5天。

氟苯尼考溶液

【作用与用途】酰胺醇类抗生素。用于巴氏杆菌和大肠杆菌的感染。

【用法与用量】以氟苯尼考计。混饮：每升水 100～150 毫克，连用 5 天。

【不良反应】【注意事项】同氟苯尼考粉。

【休药期】5 天。

（六）林可胺类

盐酸林可霉素可溶性粉

【作用与用途】林可胺类抗生素。用于治疗鸡的革兰氏阴性菌感染，如鸡坏死性肠炎，也可用于鸡的支原体感染。

【用法与用量】以盐酸林可霉素计。混饮：每升水 0.15 克，连用 5～10 天。

【不良反应】本品具有神经肌肉阻断作用。

【休药期】5 天。

盐酸林可霉素硫酸大观霉素可溶性粉

【作用与用途】抗菌药。用于治疗禽支原体和大肠杆菌引起的慢性呼吸道疾病。

【用法与用量】以盐酸林可霉素计。混饮：1～4 周龄，每千克体重 33.3 毫克；4 周龄以上，每千克体重 16.65 毫克。连用 7 天。

【休药期】5 天。

（七）多肽类

硫酸黏菌素可溶性粉

【作用与用途】多肽类抗生素。用于防治鸡敏感革兰氏阴性菌引起的肠道感染。

【用法与用量】以黏菌素计。混饮：每升水 20～60 毫克。

【注意事项】连续使用不宜超过 1 周。

【休药期】7 天。

硫酸黏菌素预混剂

【作用与用途】多肽类抗生素。用于治疗鸡敏感革兰氏阴性菌引起的肠道感染。

【用法与用量】以黏菌素计。混饲：每 1 000 千克饲料 75～100 克，连用 3～5 天。

【注意事项】连续使用不宜超过 1 周。

【休药期】7 天。

阿莫西林硫酸黏菌素可溶性粉

【作用与用途】抗生素类药。用于对阿莫西林和硫酸黏菌素敏感的鸡大肠杆菌和巴氏杆菌感染。

【用法与用量】以阿莫西林计。混饮：每升水 100 毫克，连用 5 天。

【不良反应】本品含硫酸黏菌素，黏菌素类在内服给药时肉鸡能很好耐受，全身应用可引起肾毒性、神经毒性和神经肌肉阻断效应，黏菌素的毒性比多黏菌素 B 小。

【注意事项】①对阿莫西林或黏菌素过敏的肉鸡禁用；②慎与四环素类、酰胺醇类、大环内酯类和林可胺类药物同时使用；③隔 12 小时更换饮水 1 次，以保证疗效。

【休药期】8 天。

（八）截短侧耳素类

延胡索酸泰妙菌素可溶性粉

【作用与用途】截短侧耳素类抗生素。用于防治鸡慢性呼吸道病。

【用法与用量】以泰妙菌素计。混饮：每升水 125～250 毫克，连用 3 天。

【注意事项】①本品禁止与莫能菌素、盐霉素、甲基盐霉素等聚醚类抗生素合用；②使用者避免药物与眼及皮肤接触。

【休药期】5 天。

（九）磺胺类

复方磺胺嘧啶预混剂

【作用与用途】磺胺类抗菌药。用于敏感菌感染，如葡萄球菌、巴氏杆菌、大肠杆菌、沙门氏菌和李氏杆菌等感染。

【用法与用量】以磺胺嘧啶计。混饲：一日量，每千克体重25～30 毫克，连用 10 天。

【注意事项】①忌与酸性药物如维生素 C、氯化钙、青霉素等配伍使用；②为减轻对肾脏毒性，建议与碳酸氢钠合用，肾功能受损时，排泄缓慢，应慎用；③使用时应补充 B 族维生素、维生素K 等。

【休药期】5 天。

复方磺胺嘧啶混悬液

【作用与用途】磺胺类抗菌药。用于敏感菌感染，如葡萄球菌、巴氏杆菌、大肠杆菌、沙门氏菌和李氏杆菌等感染。

【用法与用量】以磺胺嘧啶计。混饮：每升水 80～160 毫克，连用 5～7 天。

【注意事项】①忌与酸性药物如维生素 C、氯化钙、青霉素等配伍使用；②为减轻对肾脏毒性，建议与碳酸氢钠合用，肾功能受损时，排泄缓慢，应慎用；③使用时应补充 B 族维生素、维生素K 等。

【休药期】5 天。

复方磺胺二甲嘧啶钠可溶性粉

【作用与用途】磺胺类抗菌药。用于防治鸡由大肠杆菌引起的感染。

【用法与用量】以磺胺二甲嘧啶钠计。混饮：每升水 0.5 克，连用 3~5 天。

【不良反应】长期使用可损害肾脏和神经系统，影响增重，并可能发生磺胺药中毒。

【注意事项】连续用药不宜超过 1 周。

【休药期】10 天。

磺胺氯哒嗪钠乳酸甲氧苄啶可溶性粉

【作用与用途】磺胺类抗菌药。用于鸡沙门氏菌和大肠杆菌感染，如鸡白痢、鸡大肠杆菌病等。

【用法与用量】以磺胺氯哒嗪钠计。混饮：每升水 100~200 毫克，连用 3~5 天。

【注意事项】①剂量过大或用药时间过长，易引起慢性中毒；②忌与酸性药物如维生素 C、氯化钙、青霉素等配伍使用。

【休药期】2 天。

复方磺胺氯达嗪钠粉

【作用与用途】磺胺类抗菌药。用于鸡大肠杆菌和巴氏杆菌等感染，如鸡白痢、禽霍乱、鸡大肠杆菌病等。

【用法与用量】以磺胺氯达嗪钠计。内服：一日量，每千克体重 20 毫克，连用 3~6 天。

【不良反应】主要表现为急性反应如过敏反应，慢性反应表现为粒细胞减少、血小板减少、肝脏损害、肾脏损害及中枢神经毒性反应。易在尿中沉积，尤其是在高剂量、长时间用药时更易发生。

【注意事项】①易在泌尿道中析出结晶，应给予大量饮水，大剂量、长期应用时，宜同时给予等量的碳酸氢钠；②可引起肠道菌群失调，长期用药可引起 B 族维生素和维生素 K 的合成和吸收减少，宜补充相应的维生素。

【休药期】2 天。

（十）喹诺酮类

恩诺沙星可溶性粉

【作用与用途】喹诺酮类抗菌药。用于鸡细菌性疾病和支原体感染。

【用法与用量】以恩诺沙星计。混饮：每升水 25～75 毫克，每天 2 次，连用 3～5 天。

【不良反应】①可使幼龄肉鸡软骨发生变性，引起跛行及疼痛；②消化系统反应有呕吐、腹痛、腹胀；③皮肤反应有红斑、瘙痒、荨麻疹及光敏反应等。

【注意事项】乌骨鸡禁用。

【休药期】8 天。

恩诺沙星混悬液

【作用与用途】喹诺酮类抗菌药。用于鸡大肠杆菌病和鸡败血支原体病等。

【用法与用量】以恩诺沙星计。混饮：每升水 50～100 毫克，连用 5 天。

【不良反应】长期使用，可使幼龄肉鸡软骨发生变性。

【注意事项】①现配现用，使用前充分振摇，配制后尽量在 3 小时内使用完；②乌骨鸡禁用。

【休药期】8 天。

盐酸恩诺沙星可溶性粉

【作用与用途】喹诺酮类抗菌药。用于鸡细菌性疾病和支原体感染，如鸡大肠杆菌病、鸡沙门氏菌病、鸡白痢、鸡巴氏杆菌病和鸡败血支原体病等。

【用法与用量】以恩诺沙星计。混饮：每升水 110 毫克，连用 5 天。

【不良反应】可使幼龄肉鸡软骨发生变性，引起跛行及疼痛。

【注意事项】乌骨鸡禁用。

【休药期】11 天。

盐酸沙拉沙星可溶性粉/盐酸沙拉沙星溶液

【作用与用途】氟喹诺酮类抗菌药。用于鸡细菌性和支原体感染性疾病。

【用法与用量】以沙拉沙星计。混饮：每升水 25～50 毫克，连用 3～5 天。

【不良反应】①使幼龄肉鸡软骨发生变性，影响骨骼发育并引起跛行及疼痛；②消化系统的反应有呕吐、食欲不振、腹泻等；③皮肤反应有红斑、瘙痒、荨麻疹及光敏反应等。

【注意事项】乌骨鸡禁用。

【休药期】0 天。

甲磺酸达氟沙星溶液

【作用与用途】氟喹诺酮类抗菌药。主要用于肉鸡细菌及支原体感染。

【用法与用量】以达氟沙星计。混饮：每升水 25～50 毫克，每天 1 次，连用 3 天。

【不良反应】①使幼龄肉鸡软骨发生变性，影响骨骼发育并引起跛行及疼痛；②消化系统的反应有呕吐、食欲不振、腹泻等；③皮肤反应有红斑、瘙痒、荨麻疹及光敏反应等。

【注意事项】乌骨鸡禁用。

【休药期】5 天。

盐酸二氟沙星溶液

【作用与用途】氟喹诺酮类抗菌药。用于鸡的细菌性疾病和支原体感染。

【用法与用量】以二氟沙星计。内服：一次量，每千克体重 50～100 毫克，每天 2 次，连用 3～5 天。

【不良反应】①使幼龄肉鸡软骨发生变性，影响骨骼发育并引起跛行及疼痛；②消化系统的反应有呕吐、食欲不振、腹泻等；③皮肤反应有红斑、瘙痒、荨麻疹及光敏反应等。

【注意事项】①不宜与抗酸剂或其他包含二价或三价阳离子的制剂同用；②乌骨鸡禁用。

【休药期】1 天。

氟甲喹可溶性粉

【作用与用途】抗菌药。用于治疗鸡的革兰氏阴性菌性引起的消化道和呼吸道感染。

【用法与用量】以氟甲喹计。内服：一次量，每千克体重 3～6 毫克，首次量加倍，每天 2 次，连用 3～5 天。混饮：每升水 30～60 毫克，首次量加倍，每天 2 次，连用 3～5 天。

【注意事项】乌骨鸡禁用。

【休药期】2 天。

二、常用的抗寄生虫药

(一) 驱线虫药

阿苯达唑粉（阿苯达唑片、阿苯达唑混悬液、阿苯达唑 颗粒）

【作用与用途】抗蠕虫药。用于鸡线虫病、绦虫病和吸虫病。

【用法与用量】以阿苯达唑计。内服：一次量，每千克体重 10～20 毫克。

【休药期】4 天。

枸橼酸哌嗪片

【作用与用途】抗蠕虫药。用于鸡蛔虫病。

【用法与用量】以枸橼酸哌嗪计。内服：一次量，每千克体重 0.25 克。

【休药期】14 天。

磷酸哌嗪片

【作用与用途】抗蠕虫药。用于鸡蛔虫病。

【用法与用量】以枸橼酸哌嗪计。内服：一次量，每千克体重 0.2～0.5 克。

【休药期】14 天。

（二）抗原虫药

磺胺喹噁啉钠可溶性粉

【作用与用途】磺胺类抗球虫药。用于鸡球虫病。

【用法与用量】以磺胺喹噁啉钠计。混饮：每升水 300～500 毫克。

【注意事项】连续饮用不得超过 5 天，否则肉鸡易出现中毒反应。

【休药期】10 天。

复方磺胺喹噁啉溶液

【作用与用途】磺胺类抗球虫药。用于鸡球虫病。

【用法与用量】以磺胺喹噁啉计。混饮：每升水 200～400 毫克，连用 3～5 天。

【注意事项】连续饮用不得超过 1 周。

【休药期】10 天。

复方磺胺喹噁啉钠可溶性粉

【作用与用途】磺胺类抗球虫药。用于鸡球虫病。

【用法与用量】以磺胺喹噁啉钠计。混饮：每升水 150 毫克，连用 3～5 天。

【注意事项】连续饮用不得超过 5 天。

【休药期】10 天。

地克珠利溶液

【作用与用途】抗球虫药。用于预防鸡球虫病。

【用法与用量】以地克珠利计。混饮：每升水 0.5～1 毫克。

【注意事项】①本品溶液的饮水液稳定期仅为 4 小时，因此，必须现用现配，否则影响疗效。②本品药效期短，停药 1 天，抗球虫作用明显减弱，2 天后作用基本消失。因此，必须连续用药，以防球虫病再度暴发。③地克珠利较易引起球虫的耐药性，甚至交叉耐药性（如托曲珠利），因此，连用不得超过 6 个月，轮换用药不宜用同类药物（如托曲珠利）。④操作人员在使用地克珠利溶液时，应避免与人的皮肤、眼睛接触。

【休药期】5 天。

地克珠利预混剂

【作用与用途】抗球虫药。用于预防鸡球虫病。

【用法与用量】以地克珠利计。混饲：每 1 000 千克饲料 1 克。

【注意事项】①可在商品饲料和养殖过程中使用；②本品药效期短，停药 1 天，抗球虫作用明显减弱，2 月后作用基本消失，因此，必须连续用药以防球虫病再度暴发；③本品混料浓度极低，药料应充分拌匀，否则影响疗效。

【休药期】5 天。

托曲珠利溶液

【作用与用途】抗球虫药。用于防治鸡球虫病。

【用法与用量】以托曲珠利计。混饮：每升水 25 毫克，每天 1 次，连用 2 天。

【注意事项】①稀释后的药液超过 48 小时不宜给鸡饮用；②频繁和重复使用或低估活禽重量而导致用药不足，都有可能产生耐药性；③药液稀释超过 1 000 倍，可能会析出结晶而影响药效，但过高的浓度会影响鸡的饮水量。

【休药期】16 天。

癸氧喹酯干混悬剂

【作用与用途】抗球虫药。用于预防鸡球虫病。

【用法与用量】以癸氧喹酯计。混饮：每升水 15～30 毫克，连用 7 天。

【注意事项】本品水溶液长期放置后会有轻微沉淀，故需将全天用药量集中到 6 小时内饮完。

【休药期】5 天。

癸氧喹酯预混剂

【作用与用途】抗球虫药。用于预防由各种球虫（变位艾美耳球虫、柔嫩艾美耳球虫、巨型艾美耳球虫、毒害艾美耳球虫和布氏艾美耳球虫等）引起的鸡球虫病。

【用法与用量】以癸氧喹酯计。混饲：每 1 000 千克饲料 27 克，连用 7～14 天。

【注意事项】不能用于含皂土的饲料中。

【休药期】5 天。

癸氧喹酯溶液

【作用与用途】抗球虫药。用于预防鸡球虫病。

【用法与用量】以癸氧喹酯计。混饮：每升水 15～30 毫克，连用 7 天。

【休药期】5 天。

二硝托胺预混剂

【作用与用途】二硝基类抗球虫药。用于鸡球虫病。

【用法与用量】以二硝托胺计。混饲：每 1 000 千克饲料 125 克。

【注意事项】①可在商品饲料和养殖过程中使用；②停药过早，常导致球虫病复发，因此肉鸡宜连续应用；③二硝托胺粉末颗粒的大小会影响抗球虫作用，应为极微细粉末；④饲料中添加量超过 250 毫克/千克（以二硝托胺计）时，若连续饲喂 15 天以上，可抑制雏鸡增重。

【休药期】3 天。

尼卡巴嗪预混剂

【作用与用途】抗球虫药。用于预防鸡球虫病。

【用法与用量】以尼卡巴嗪计。混饲：每1 000千克饲料100～125克。

【不良反应】夏天高温季节使用本品时，会增加应激和死亡率。

【注意事项】①夏天高温季节慎用；②鸡球虫病暴发时禁用于治疗；③可在商品饲料和养殖过程中使用。

【休药期】4天。

马度米星铵预混剂

【作用与用途】聚醚类离子载体抗球虫药。用于预防鸡球虫病。

【用法与用量】以马度米星铵计。混饲：每1 000千克饲料5克。

【不良反应】毒性较大，安全范围窄，较高浓度（7毫克/千克饲料）混饲，会引起鸡不同程度的中毒，甚至死亡。

【注意事项】①可在商品饲料和养殖过程中使用；②用药时必需精确计量，并使药料充分拌匀，勿随意加大使用浓度；③鸡喂马度米星后的粪便不可用于加工动物饲料，否则会引起中毒，甚至死亡。

【休药期】5天。

甲基盐霉素预混剂

【作用与用途】聚醚类离子载体抗球虫药。用于预防鸡球虫病。

【用法与用量】以甲基盐霉素计。混饲：每1 000千克饲料60～80克。

【不良反应】本品毒性较盐霉素更强，对鸡安全范围较窄，超剂量使用，会引起鸡的死亡。

【注意事项】①本品毒性较盐霉素强，对鸡安全范围较窄，使用时必须精确计算用量；②甲基盐霉素对鱼类毒性较大，喂药鸡粪及残留药物的用具，不可污染水源；③禁止与泰妙菌素、竹桃霉素合用；④拌料时应注意防护，避免本品与眼、皮肤接触；⑤可在商品饲料和养殖过程中使用。

【休药期】5天。

甲基盐霉素尼卡巴嗪预混剂

【作用与用途】抗球虫药。用于预防鸡球虫病。

【用法与用量】以甲基盐霉素计。混饲：每1 000千克饲料30～50克。

【注意事项】①高温季节使用本品时，会出现热应激反应，甚至死亡；②甲基盐霉素对鱼类毒性较大，喂药鸡粪及残留药物的用具，不可污染水源；③禁止与泰妙菌素、竹桃霉素合用；④可在商品饲料和养殖过程中使用。

【休药期】5天。

拉沙洛西钠预混剂

【作用与用途】二价聚醚类离子载体抗球虫药。用于预防鸡球虫病。

【用法与用量】以拉沙洛西钠计。混饲：每1 000千克饲料75～125克。

【注意事项】①应根据球虫感染严重程度和疗效，及时调整用药浓度；②严格按规定浓度使用，饲料中药物浓度超过150毫克/千克（以拉沙洛西钠计）会导致鸡生长抑制和中毒，高浓度混料对饲养在潮湿鸡舍的雏鸡，能增加热应激反应，使死亡率升高；③拌料时应注意防护，避免本品与眼、皮肤接触；④可在商品饲料和养殖过程中使用。

【休药期】3天。

盐酸氨丙啉乙氧酰胺苯甲酯预混剂

【作用与用途】抗球虫药。用于鸡球虫病。

【用法与用量】以盐酸氨丙啉计。混饲：每1 000千克饲料125克。

【注意事项】可在商品饲料和养殖过程中使用。

【休药期】3 天。

盐酸氨丙啉乙氧酰胺苯甲酯-磺胺喹噁啉预混剂

【作用与用途】抗球虫药。用于鸡球虫病。

【用法与用量】以盐酸氨丙啉计。混饲：每 1 000 千克饲料
100 克。

【注意事项】①可在商品饲料和养殖过程中使用；②饲料中的
维生素 B_1 含量在 10 毫克/千克以上时，与本品有明显的拮抗作用，
抗球虫作用降低；③连续饲喂不得超过 5 天。

【休药期】7 天。

氯羟吡啶预混剂

【作用与用途】抗球虫药。用于预防鸡球虫病。

【用法与用量】以氯羟吡啶计。混饲：每 1 000 千克饲料
125 克。

【注意事项】①可在商品饲料和养殖过程中使用；②本品能抑
制鸡对球虫产生免疫力，停药过早易导致球虫病暴发；③对本品产
生的耐药的球虫感染肉鸡场，不能换用喹啉类抗球虫药，如癸氧喹
酯等。

【休药期】5 天。

盐酸氯苯胍预混剂

【作用与用途】抗球虫药。用于鸡球虫病。

【用法与用量】以盐酸氯苯胍计。混饲：每 1 000 千克饲料
30～60 克。

【注意事项】①可在商品饲料和养殖过程中使用；②长期或高
浓度（每千克饲料 60 毫克）混饲，可引起鸡肉异臭，但低浓度
（每千克饲料＜30 毫克）不会产生上述现象；③应用本品防治球虫
病时停药过早，常导致球虫病复发，应连续用药。

【休药期】5 天。

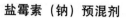

盐霉素（钠）预混剂

【作用与用途】聚醚类离子载体抗球虫药。用于鸡球虫病。

【用法与用量】以盐霉素计。混饲：每 1 000 千克饲料 60 克。

【注意事项】①可在商品饲料和养殖过程中使用；②禁与泰妙菌素及其他抗球虫药合用；③本品安全范围较窄，应严格控制混饲浓度。

【休药期】5 天。

莫能菌素预混剂

【作用与用途】单价聚醚类离子载体抗球虫药。用于由柔嫩艾美耳球虫、堆形艾美耳球虫、布氏艾美耳球虫、巨型艾美耳球虫、毒害艾美耳球虫和变位艾美耳球虫引起的鸡球虫病。

【用法与用量】以莫能菌素计。混饲：每 1 000 千克饲料90～110 克。

【注意事项】①禁止与泰妙菌素、竹桃霉素同时使用，以免发生中毒；②饲料中添加量超过 120 毫克/千克时，可引起鸡增长率和饲料转化率下降；③超过 16 周龄鸡禁用；④可在商品饲料和养殖过程中使用。

【休药期】5 天。

海南霉素钠预混剂

【作用与用途】聚醚类抗球虫药。用于预防球虫病。

【用法与用量】以海南霉素计。混饲，每 1 000 千克饲料 5～7.5 克。

【注意事项】①本品毒性较大，使用海南霉素后的粪便切勿用作其他动物饲料，更不能污染水源；②禁与其他抗球虫药物合用；③可在商品饲料和养殖过程中使用。

【休药期】7 天。

氢溴酸常山酮预混剂

【作用与用途】抗球虫药。用于防治鸡球虫病。

【用法与用量】以氢溴酸常山酮计。混饲：每 1 000 千克饲料

3 克，连用 15 天。

【不良反应】安全范围较窄，较高浓度（高于 2 倍推荐给药剂量）混饲，可引起鸡不同程度的采食下降，甚至拒食。

【注意事项】①本品安全范围较窄，药料必须充分拌匀，否则容易导致肉鸡中毒；②对皮肤和眼睛有刺激，工作人员应注意个人防护；③鱼等水生生物对常山酮极为敏感，故喂药鸡粪及盛药容器切勿污染水源；④可在商品饲料和养殖过程中使用。

【休药期】5 天。

磺胺氯吡嗪钠二甲氧苄啶混悬液

【作用与用途】抗球虫药。用于防治鸡球虫病。

【用法与用量】以磺胺氯吡嗪钠计。混饮：每升水 150～300 毫克，连用 3～5 天。

【注意事项】①连续饮用不得超过 5 天；②按使用浓度配制的溶液在 8 小时内饮完，超过 8 小时应重新配制。

【休药期】10 天。

磺胺氯吡嗪钠二甲氧苄啶溶液

【作用与用途】抗球虫药。用于防治鸡球虫病。

【用法与用量】以磺胺氯吡嗪钠计。混饮：每升水 150～300 毫克，连用 3～5 天。

【注意事项】连续饮用不得超过 5 天。

【休药期】10 天。

盐酸氨丙啉乙氧酰胺苯甲酯磺胺喹噁啉可溶性粉

【作用与用途】抗球虫药。用于防治鸡球虫病。

【用法与用量】以盐酸氨丙啉计。混饮：每升水 50 毫克，连用 5 天。

【注意事项】①连续使用不得超过 5 天，若以较大剂量延长给药时间，可引起食欲下降，肾脏出现磺胺喹噁啉结晶，并干扰血液正常凝固；②给药期间，饲料中的维生素 B_1 含量在 10 毫克/千克以上时，能对本品抗球虫作用产生明显的拮抗作用。

【休药期】13 天。

（三）杀体外寄生虫药

氟雷拉纳溶液

【作用与用途】杀螨剂。用于治疗和控制种鸡的家禽红螨（鸡皮刺螨）感染。

【用法与用量】以氟雷拉纳计。内服：一次量，每千克体重 0.5 毫克，每隔 7 天给药 1 次，连用 2 次。

【休药期】14 天。

三、其他药物

（一）祛痰药

盐酸溴己新可溶性粉

【作用与用途】祛痰药。用于以黏液堵塞呼吸道为主要特征的鸡呼吸道疾病的辅助治疗。

【用法与用量】以盐酸溴己新计。混饮：每升水 3.3 毫克，每天 1 次，连用 3～10 天。

【注意事项】①临床应用时，配制好的药液应在 12 小时内使用，未用完部分应废弃；②不宜在对活性物质或任何辅料过敏的情况下使用。

【休药期】0 天。

（二）解热镇痛药

卡巴匹林钙粉

【作用与用途】解热镇痛药。用于控制鸡的发热和疼痛。

【用法与用量】以卡巴匹林钙计。内服：一次量，每千克体重

40～80 毫克。

【注意事项】①不得与其他水杨酸类解热镇痛药合用。②本品与糖皮质激素合用，可使胃肠出血加剧；与碱性药物合用，使疗效降低。③连续用药不应超过 5 天。

【休药期】0 天。

（三）维生素类药

复合维生素 B 可溶性粉

【作用与用途】维生素类药。用于防治 B 族维生素缺乏所致的多发性神经炎、消化障碍、癞皮病、口腔炎等。

【用法与用量】以本品计。混饮：每升水 0.5～1.5 克，连用 3～5 天。

【休药期】无需制定。

复合维生素 B 溶液

【作用与用途】维生素类药。用于防治 B 族维生素缺乏所致的多发性神经炎、消化障碍、癞皮病、口腔炎等。

【用法与用量】以本品计。混饮：每升水 10～30 毫升。

【休药期】无需制定。

泛酸钙

【作用与用途】维生素类药。用于泛酸缺乏症。

【用法与用量】以本品计。混饲：每 1 000 千克饲料 6～15 克。

【休药期】无需制定。

维生素 AD 油

【作用与用途】脂溶性维生素。用于维生素 A，维生素 D 缺乏症。

【用法与用量】内服：一次量 1～2 毫升。

【注意事项】①用时应注意补充钙剂；②维生素 A 易过量补充而中毒，中毒时应立即停用本品和钙剂。

【休药期】无需制定。

维生素 C 可溶性粉

【作用与用途】维生素类药。用于维生素 C 缺乏症、发热、慢性消耗性疾病等。

【用法与用量】以维生素 C 计。混饮：每升水 30 毫克,连用5天。

【注意事项】在碱性溶液中，溶液氧化失效。

【休药期】无需制定。

亚硒酸钠维生素 E 预混剂

【作用与用途】维生素及硒补充药。用于雏鸡渗出性素质病。

【用法与用量】以本品计。混饲：每 1 000 千克饲料 500～1 000克。

【休药期】无需制定。

（四）酸碱平衡调节药

复方碳酸氢钠可溶性粉

【作用与用途】酸碱平衡调节药。用于促进尿酸盐、弱酸性药物（如磺胺类药）排出，以及某些疾病所引起的尿酸盐沉积症的辅助治疗。

【用法与用量】以本品计。混饮：每升水 1～2 克，连用 3 天，夏季仅上午用；预防量减半，每周用药 0.5～1 天。

【休药期】无需制定。

（五）电解质平衡药

口服补液盐

【作用与用途】电解质平衡药。用于纠正腹泻、热应激等引起的电解质紊乱。

【用法与用量】临用前将本品 1 包（小袋）溶于 4 升水中。混饮：自由饮用。

【休药期】无需制定。

农业农村部批准用于肉鸡的其他兽药的作用与用途、用法与用量、注意事项、休药期等内容，见中国兽药信息网国家兽药基础数据库兽药标签说明书数据（http：//vdts. ivdc. org. cn：8081/cx/）。

第三节　肉鸡场常用中兽药

一、辛温解表药

辛温解表药主要由麻黄、桂枝、荆芥、防风等辛温解表类药味组成。具有较强的发汗散寒作用，适用于外感风寒引起的表寒证。代表药物为荆防败毒散。

荆防败毒散

【功能】辛温解表，疏风祛湿。

【主治】风寒感冒，流感。证见恶寒颤抖明显，发热较轻，耳聋头低，腰弓毛乍，鼻流清涕，咳嗽，口津润滑，舌苔薄白，脉象浮紧。

【用法与用量】1～3 克。

二、辛凉解表药

辛凉解表药主要由桑叶、菊花、薄荷、牛蒡子等辛凉解表类药味组成。具有清解透泄作用，适用于外感风热引起的表热证。若发热明显，可配以清热解毒的金银花、连翘等。代表药物为双黄连口服液。

双黄连口服液

【功能】辛凉解表，清热解毒。

【主治】感冒发热。证见体温升高，耳鼻温热，发热与恶寒同时并见，被毛逆立，精神沉郁，结膜潮红，流泪，食欲减退，或有咳嗽，呼出气热，咽喉肿痛，口渴欲饮，舌苔薄黄，脉象浮数。

【用法与用量】0.5～1毫升。

三、清热解毒药

凡能清解然毒或火毒的药物叫清热解毒药。这里所称的毒，为火热壅盛所致，有热毒或火毒之分。本类药物于清热泻火之中更长于解毒的作用。主要适用于痈肿疔疮、丹毒、瘟毒发斑、痄腮、咽喉肿痛、热毒下痢、虫蛇咬伤、癌肿、水火烫伤以及其他急性热病等。代表药物为板青颗粒、白头翁口服液等。

板青颗粒

【功能】清热解毒，凉血。

【主治】风热感冒，咽喉肿痛，热病发斑等温热性疾病。

【用法与用量】0.5克。

白头翁口服液

【功能】清热解毒，凉血止痢。

【主治】湿热泄泻，下痢脓血。

【用法与用量】2～3毫升。

白头翁散

【功能】清热解毒，凉血止痢。

【主治】湿热泄泻，下痢脓血。

【用法与用量】2～3克。

清瘟败毒散

【功能】泻火解毒，凉血。

【主治】热毒发斑，高热神昏。

【用法与用量】1～3克。

清瘟败毒片

【功能】泻火解毒，凉血。

【主治】热毒发斑，高热神昏。

【用法与用量】每千克体重2～3片。

黄连解毒散

【功能】泻火解毒。

【主治】三焦实热，疮黄肿毒。

【用法与用量】1～2克。

黄连解毒片

【功能】泻火解毒。

【主治】三焦实热。

【用法与用量】1～2片。

清解合剂

【功能】泻火解毒。

【主治】鸡大肠杆菌引起的热毒症。

【用法与用量】每升水2.5毫升。

公英青蓝合剂

【功能】清热解毒。

【主治】传染性法氏囊病的辅助治疗。

【用法与用量】每升水4毫升，连用3天。

公英青蓝颗粒

【功能】清热解毒。

【主治】传染性法氏囊病的辅助治疗。

【用法与用量】混饮：每升水4克，连用3天。

鸡痢灵片

【功能】清热解毒，涩肠止痢。

【主治】雏鸡白痢。

【用法与用量】雏鸡 2 片。

鸡痢灵散

【功能】清热解毒，涩肠止痢。

【主治】雏鸡白痢。

【用法与用量】雏鸡 0.5 克。

七清败毒颗粒

【功能】清热解毒，燥湿止泻。

【主治】湿热泄泻，雏鸡白痢。

【用法与用量】每升水 2.5 克。

四、清热泻火药

热与火均为六淫之一，统属阳邪。热为火之渐，火为热之极，故清热与泻火两者密不可分。凡能清热的药物，皆有一定的泻火作用。清热泻火药，以清泄气分邪热为主，主要用于热病邪入气分而见高热、烦渴、汗出、烦躁，甚或神昏、脉象洪大等气分实热证。代表药物为四黄止痢颗粒等。

四黄止痢颗粒

【功能】清热泻火，止痢。

【主治】湿热泻痢，鸡大肠杆菌病。证见精神沉郁，食欲不振或废绝，羽毛蓬乱无光泽，头颈部特别是肉垂及眼睛周围水肿，肿胀部位皮下有淡黄色或黄色水样液体，嗉囊充满食物，排淡黄色、灰白色或绿色混有血液 的腥臭稀便。

【用法与用量】混饮：每升水 0.5～1 克。

杨树花口服液

【功能】化湿止痢。

【主治】痢疾，肠炎。

【用法与用量】1～2毫升。

五、化痰止咳平喘药

凡能祛痰或消痰，以治疗"痰证"为主要作用的药物，称化痰药；以止咳、减轻哮鸣和喘息为主要作用的药物，称止咳平喘药。因化痰药每兼止咳平喘作用，而止咳平喘药又每兼化痰作用，且病证上痰、咳、喘三者相互兼杂，故统称为化痰止咳平喘药。代表药物为麻杏石甘口服液等。

麻杏石甘口服液

【功能】清热，宣肺，平喘。

【主治】肺热咳喘。

【用法与用量】混饮：每升水1～1.5毫升。

清肺止咳散

【功能】清泻肺热，化痰止咳。

【主治】肺热咳喘，咽喉肿痛。

【用法与用量】1～3克。

甘草颗粒

【功能】祛痰止咳。

【主治】咳嗽。

【用法与用量】0.5～1克。

六、温里药

温里药，又叫祛寒药，以温里祛寒、治疗里寒证为主要作用的药物。本类药物多味辛而性温热，以其辛散温通、偏走脏腑而能温里散寒、温经止痛，有的还能助阳、回阳，故适用于里寒证。代表药物为四逆汤等。

四逆汤

【功能】温中祛寒，回阳救逆。

【主治】四肢厥冷，脉微欲绝，亡阳虚脱。

亡阳虚脱：症见精神沉郁，恶寒战栗，呼吸浅表，食欲大减或废绝，胃肠蠕动音减弱，体温降低，耳鼻、口唇、四肢末端或全身体表发凉，口色淡白，舌津湿润，脉象沉细无力。

【用法与用量】每千克体重 0.5～1 毫升。

七、祛湿药

祛湿药系由祛湿类药味为主组成。具有胜湿、化湿、燥湿作用，用于治疗湿邪所致病证的药物制剂。代表药物为藿香正气口服液。

藿香正气口服液

【功能】解表祛暑，化湿和中。

【主治】外感风寒，内伤湿滞，夏伤暑湿，胃肠型感冒。

【用法与用量】每升水 2 毫升，连用 3～5 天。

八、平肝药

平肝药系由清肝明目、疏风解痉和平肝熄风类药味为主组成。具有清肝泻火、明目退翳、祛风、熄风解痉作用，用于治疗肝火上炎、肝经风热、风邪外感和肝风内动等证的一类药物制剂。代表药物为肝胆颗粒。

肝胆颗粒

【功能】清热解毒，保肝利胆。

【主治】肝炎。

【用法与用量】混饮：每升水1克。

九、补中益气药

补中益气药是指能调和中焦、补益正气、调整脾胃脏腑功能，治疗中焦气虚证的药物制剂。脾胃气虚是兽医临床常见病，表现为采食量低下，生长迟缓，宜用补中益气类药物。代表药物为五味健脾合剂。

五味健脾合剂

【功能】健脾益气，开胃消食。

【主治】用于促进肉鸡生长。

【用法与用量】混饮：每升水1毫升。

十、益气固表药

益气固表药系由补益正气、固护卫气类药物所组成。具有益气、固表、止汗等作用，用于治疗气虚、肌表不固的一类药物制剂。代表药物为玉屏风口服液。

玉屏风口服液

【功能】益气固表，提高机体免疫力。

【主治】表虚不固，易感风邪。

【用法与用量】混饮，每升水2毫升，连用3～5天。

第四节 肉鸡场常用的疫苗

鸡痘活疫苗（M-92 株）

【作用与用途】用于预防鸡痘。

【用法与用量】按瓶签注明羽份，用适宜稀释液将疫苗溶解，充分摇匀，经翅内侧无血管处刺种疫苗，每只鸡接种 1 羽份。在低风险区，应在 10 周龄后进行接种；在高风险区，应在 1 日龄进行首免，10 周龄后进行加强接种。对饲养时间超过一个产蛋周期的种鸡，应在换羽后再次进行接种。

【注意事项】①仅用于接种健康鸡；②接种针在使用前，应用沸水消毒至少 30 分钟；③在接种过程中，应避免疫苗受阳光直射；④使用过的疫苗包装盒、疫苗瓶和未用完的疫苗，应烧毁或煮沸，或在消毒液中浸泡至少 30 分钟；⑤一旦打开疫苗瓶，应立即使用，并在 2 小时内用完；⑥在接种后，抽取约 10 只鸡，检查接种效果。接种后 3～7 天内，在接种部位出现直径为 3～5 毫米的痘肿，说明接种有效，肿胀一般在 21 天内消失。

鸡传染性喉气管炎活疫苗（LT-IVAX 株）

【作用与用途】用于预防鸡传染性喉气管炎。

【用法与用量】按瓶签注明羽份进行稀释，点眼接种，每只 1 羽份。一般选一侧眼，接种 1 滴。适用于 4 周龄或 4 周龄以上的鸡。一般在 4 周龄时进行首次接种，10 周龄时加强接种 1 次。

【注意事项】①仅用于接种 4 周龄或 4 周龄以上的健康鸡，在传染性喉气管炎暴发时，应首先对健康鸡进行接种，再顺次推向发病区；②接种前后，应做好鸡舍的环境卫生管理和消毒工作，降低空气中细菌密度，以减轻眼部感染；③接种本疫苗的前后 3 天内，应避免接种鸡新城疫和传染性支气管炎单苗或联苗；④稀释后的疫苗应放冷暗处，并在 2 小时内用完；⑤用过的疫苗瓶和稀释后未用完的疫苗应焚毁；⑥疫苗中含有庆大霉素；⑦屠宰前 21 天内禁止使用。

鸡传染性支气管炎活疫苗（FNO-E55 株）

【作用与用途】用于预防由 793/B 血清型鸡传染性支气管炎病毒引起的鸡传染性支气管炎。免疫期为 8 周。

【用法与用量】滴鼻或点眼。按瓶签注明羽份，取适量稀释液加入疫苗瓶内，充分溶解疫苗，用滴管吸取疫苗液，每只鸡接种0.03 毫升（相当于 1 羽份）。

【注意事项】①仅接种 7 日龄以上的健康鸡群；②疫苗稀释后，应置阴凉处，限 4 小时内用完；③滴鼻或点眼用滴管、瓶及其他器械应事先消毒，免疫量应准确；④使用后的疫苗瓶和相关器具，应进行无害化处理。

鸡新城疫、传染性支气管炎、禽流感（H9 亚型）三联灭活疫苗（N7a 株＋M41 株＋SZ 株）

【作用与用途】用于预防鸡新城疫、鸡传染性支气管炎和 H9亚型禽流感。免疫后 21 天可产生免疫力，免疫期为 6 个月。

【用法与用量】皮下或肌内注射。2～5 周龄鸡，每只 0.3 毫升；5 周龄以上鸡，每只 0.5 毫升。

【注意事项】①该疫苗免疫前或免疫同时，应使用鸡传染性支气管炎活疫苗做基础免疫；②仅用于接种健康鸡；③使用前需检查，如出现变色、破乳、破漏、混有异物等，均不得使用；④使用前应使疫苗恢复至室温，并充分摇匀；⑤疫苗开启后，限 24 小时内用完；⑥接种器具应无菌，注射部位应消毒；⑦用过的疫苗瓶、器具和未用完的疫苗等，应进行无害化处理；⑧疫苗运输及保存切勿冻结或高温，破乳后切勿使用；⑨屠宰前 28 天内禁止使用。

鸡马立克氏病 I 型、III 型二价活疫苗（CVI988 株＋FC-126 株）

【作用与用途】用于预防鸡马立克氏病。

【用法与用量】1 日龄雏鸡皮下注射。按瓶签注明的羽份，每 1 000 羽份疫苗用 200 毫升无菌稀释液稀释。用 22～20 号针头的全自动注射器接种，每只雏鸡 0.2 毫升（含 1 羽份）。

【注意事项】①仅用于接种 1 日龄健康雏鸡；②接种疫苗后，避免雏鸡过早暴露于易感马立克氏病的环境中，使雏鸡能够产生保护性抗体；③将疫苗瓶放入 27℃ 的水浴中快速解冻；④免疫接种时，稀释好的疫苗可置于温度 21～27℃ 环境中，如果温度不能低于 27℃，则将稀释好的疫苗瓶置于冰浴中；⑤保证注射器无菌，接种时需经常更换针头；⑥疫苗于稀释后 2 小时内用完；⑦疫苗中含有庆大霉素；⑧不建议该疫苗与其他生物制品混合使用；⑨用过的疫苗瓶、用具和未用完的疫苗等，应进行无害化处理；⑩对使用者应采取必要的预防措施，包括使用手套、面罩和护目镜，避免处理液氮时可能带来的危害，避免从液氮冰箱、液氮罐或提桶中取出的玻璃瓶，在置于容器内解冻时可能爆裂带来的危害，从提桶中取出疫苗瓶时，戴手套的手掌应远离面部和身体其他部位；⑪屠宰前 21 天内禁止使用。

鸡传染性法氏囊病复合冻干活疫苗（W2512 G-61 株）

【作用与用途】用于预防鸡传染性法氏囊病。

【用法与用量】适用于接种 18 日龄健康鸡胚和 1 日龄健康鸡。对 18 日龄鸡胚进行胚内免疫，每胚接种疫苗 0.05 毫升（含 1 羽份）；对 1 日龄雏鸡皮下免疫，每只鸡接种疫苗 0.1 毫升（含 1 羽份）。

【注意事项】①仅用于接种健康鸡胚或 1 日龄健康鸡；②对免疫接种的鸡胚应进行照蛋检查，剔除死亡鸡胚；③接种器具应不存在任何消毒剂残留；④按有关规定，对免疫接种后所有已打开的疫苗瓶进行处理；⑤对疫苗的保存或处理不当，会导致疫苗的效力下降；⑥不得用于 18 日龄以下鸡胚的免疫接种。

鸡传染性法氏囊病活疫苗（B87 株，泡腾片）

【作用与用途】用于预防鸡传染性法氏囊病。免疫期为 2 个月。

【用法及用量】用于雏鸡的饮水免疫，每只 1 羽份。一般依母源抗体水平，在 7～21 日龄使用，必要时可在 1～3 周后加强免疫 1 次。

免疫时将疫苗用 20℃左右冷开水按计算好的饮水量进行溶解（表 7.1），将盛有疫苗的容器分散放在鸡群中；刚开始供饮的几分钟内，频繁驱动鸡群，使每只鸡都可饮用到足够的疫苗；饮完含疫苗水 30 分钟后，随机抽取 20 只，检查喙、舌和嗉囊，观察染色情况；饮完含疫苗水 1 小时后，方可供给正常饮水和饲料。

表 7.1　鸡群饮水免疫饮水量的计算方法

日龄	种鸡（毫升/羽）	肉鸡（毫升/羽）
5～15	5～10	5～10
16～30	10～20	10～20
31～60	20～30	20～40

【注意事项】①疫苗仅用于健康鸡群；②饮水接种前，应先给鸡群断水 2～3 小时；③接种前，饮水中不能添加任何消毒剂，饮水要清洁，忌用金属容器；④用过的包装、器具和未用完的疫苗等，应进行无害化处理。

鸡马立克氏病病毒、传染性法氏囊病病毒火鸡疱疹病毒
载体重组病毒二联活疫苗
（CVI988/Rispens 株＋vHVT-013-69 株）

【作用与用途】用于预防鸡马立克氏病和鸡传染性法氏囊病。

【用法与用量】

（1）用于 1 日龄雏鸡免疫接种，经颈背部皮下注射，每只接种 0.2 毫升。

（2）用于雏鸡皮下接种时，每 1 000 羽份疫苗用 200 毫升稀释液稀释。

（3）每次从液氮罐中取出 1 瓶疫苗，置 27℃ 水中快速解冻，用无菌注射器将疫苗缓慢注入适量稀释液中稀释。通过旋转或倒置容器，使疫苗充分混匀，但切勿剧烈振荡。

（4）对雏鸡颈背部皮下注射接种时，针头不可伤及颈部肌肉或椎骨。

【注意事项】①本品仅用于接种健康雏鸡；②接种器械应于 121℃ 高压灭菌至少 15 分钟或置沸水浴中消毒至少 20 分钟，接种器械不应接触化学消毒剂；③疫苗稀释后，限 1 小时内用完；④在接种过程中或接种后，避免鸡群处于应激状态；⑤用过的疫苗瓶、器具和未用完的疫苗等，应进行无害化处理；⑥屠宰前 21 天内禁止使用。

鸡新城疫、禽流感（H9 亚型）二联灭活疫苗（N7a 株＋SZ 株）

【作用与用途】用于预防鸡新城疫和 H9 亚型禽流感。免疫后 21 天可产生免疫力，免疫期为 6 个月。

【用法与用量】皮下或肌内注射。7～28 日龄鸡，每只 0.15 毫升；28 日龄以上鸡，每只 0.3 毫升。

【注意事项】①仅用于接种健康鸡；②使用前应使疫苗恢复至室温；③使用前和使用中应充分摇匀；④疫苗开启后，限当天用完；⑤本品严禁冻结，破乳后切勿使用；⑥接种工作完毕，双手应立即洗净并消毒；⑦用过的疫苗瓶、器具和未用完的疫苗等，应进行无害化处理；⑧屠宰前 28 天内禁止使用。

鸡传染性法氏囊病活疫苗（CH/80 株）

【作用与用途】用于预防鸡传染性法氏囊病。

【用法与用量】可采用滴鼻、点眼、饮水、喷雾途径进行接种，每只鸡 1 羽份。

（1）滴鼻、点眼　将冻干疫苗用专用稀释液（无菌蒸馏水）稀释，使用标准滴瓶（每1 000羽份一般30毫升），每只鸡于眼或鼻中滴1滴疫苗（0.03毫升）。

（2）饮水　先用少量水在疫苗瓶中稀释疫苗，摇匀，倒入饮水器中，加入的水应该是1/2小时（最多不超过1小时）的饮水量。1 000只不同日龄鸡的用水量为：1～3周龄5～10升；4～9周龄12～23升；10～16周龄27～37升。

（3）喷雾　检查喷雾器所需水量，方法如下：先用水装满喷雾器，然后对鸡群所占的区域进行喷雾，使每只鸡的头部都喷上水滴。检查这时所用的水量，即为稀释疫苗所需用水量。根据待接种鸡的数量，确定所用疫苗量。

【注意事项】①使用前轻轻摇动，直至疫苗团块全部溶解；②经饮水途径接种时，不能使用含氯或消毒剂的水；③喷雾接种时，接种人员应戴防护面罩和眼镜；④疫苗应避光保存；⑤用过的疫苗瓶、器具和或未用完的疫苗等，应进行无害化处理。

鸡马立克氏病活疫苗（CVI988株）

【作用与用途】用于接种1日龄雏鸡，预防鸡马立克氏病。

【用法与用量】雏鸡颈背部皮下注射。每次从液氮罐中取出1安瓿疫苗，置20～30℃水中，使疫苗快速解冻。用无菌注射器，将解冻的疫苗慢慢注入适量的稀释液中（每1 000羽份疫苗用200毫升无菌稀释液稀释），通过旋转或倒转容器，使疫苗液充分混匀，切勿剧烈振荡。每只0.2毫升。针头不可伤及颈部肌肉或骨头。

【注意事项】①应将接种器械于121℃高压灭菌至少15分钟或置沸水浴中消毒至少20分钟，不要让接种器械接触化学消毒剂；②本品仅用于接种健康雏鸡；③在接种过程中或接种后，应避免使鸡群处于应激状态；④疫苗开瓶后应一次用完；⑤用过的疫苗瓶、器具和未用完的疫苗等，应进行无害化处理；⑥屠宰前21天内禁止使用。

禽流感重组鸡痘病毒载体活疫苗（H5 亚型）

【作用与用途】用于预防由 H5 亚型禽流感病毒引起的禽流感。

【用法与用量】用 50 毫升灭菌生理盐水或其他适宜稀释液稀释，翅膀内侧无血管处皮下刺种。2 周龄以上的鸡，每只 0.05 毫升。

【注意事项】①仅用于接种健康鸡；②体质瘦弱、接触过鸡痘病毒或有疾病的鸡不能使用，否则影响免疫效果；③应冷藏运输；④疫苗瓶破损、有异物或无瓶签的疫苗，切勿使用；⑤疫苗应现用现配，稀释后的疫苗限当天用完；⑥禁止疫苗与消毒剂接触；⑦使用过的器具应进行消毒；⑧接种后 3 天，注射部位可能出现轻微肿胀，一般在 2 周内完全消失。

鸡新城疫、传染性法氏囊病二联活疫苗

【作用与用途】用于预防鸡新城疫和传染性法氏囊病。

【用法与用量】滴鼻、点眼或饮水。按瓶签注明的羽份，用生理盐水或其他适宜稀释液稀释。每只滴鼻或点眼接种 0.03～0.05 毫升。饮水免疫时，剂量应加倍。

推荐的免疫程序为：无母源抗体的雏鸡，在 7 日龄首免，14 日龄二免；有母源抗体的雏鸡，在 14 日龄首免，21 日龄二免，28 日龄三免。

【注意事项】①稀释后，放冷暗处，应在 4 小时内用完；②饮水免疫时，忌用金属容器，饮用前应至少停水 4 小时。

鸡传染性喉气管炎活疫苗

【作用与用途】用于预防鸡传染性喉气管炎。

【用法与用量】点眼接种，用于肉鸡、公鸡和种鸡的首免和加强免疫接种。将疫苗溶于适当的稀释液中，振摇直至充分混匀，避免起泡沫。每只鸡眼中滴 1 滴疫苗液，等到溶液完全进入眼中（鸡眨几次眼后）才松开。

推荐免疫程序（可根据各地区的特点制订合适的程序）：肉鸡

或公鸡，2～3 周龄接种。

【不良反应】用新城疫活疫苗或传染性支气管炎活疫苗进行接种 1～2 周后，或在高浓度氨及多尘环境中使用本品，会引起严重的反应。点眼接种后会引起炎症和结膜肿胀，这种反应可在 3～4 天内消失。

【注意事项】①不要使用药瓶破裂或标签已损坏的疫苗；②仅用于接种健康鸡，因为病鸡不能产生良好的免疫效果；③接种时，避免阳光直接照射疫苗；④一旦开瓶，必须立即使用，并在 2 小时内用完；⑤接种前 48 小时或接种后 24 小时，避免饲喂含消毒剂的水；⑥接种后清洗手和器械，疫苗瓶、包装和剩余的疫苗处理前必须烧毁、煮沸或浸泡在消毒剂溶液中 30 分钟后，才可扔掉。

鸡球虫病三价活疫苗

(柔嫩艾美耳球虫 PTMZ 株＋巨型艾美耳球虫 PMHY 株＋堆型艾美耳球虫 PAHY 株)

【作用与用途】用于预防肉鸡球虫病。接种后 14 天开始产生免疫力，免疫期可长达至饲养期末。

【用法与用量】

(1) 免疫接种程序　3～7 日龄饮水免疫。

(2) 接种方法及剂量　饮水接种。每只鸡 1 羽份。每瓶 1 000 羽份（或 2 000 羽份）兑水 6 升（或 12 升），加入 1 瓶 50 克/瓶（或 1 瓶 100 克/瓶）的球虫病疫苗助悬剂，配成混悬液。供 1 000 羽（或 2 000 羽）雏鸡自由饮用，平均每只鸡饮用 6 毫升球虫病疫苗混悬液，4～6 小时内饮用完毕。

【注意事项】①本品严禁结冻或在靠近热源的地方存放。仅用于接种健康雏鸡，使用时应充分摇匀。②对饲料中药物使用的要求，严禁在饲料中添加任何抗球虫药物。③对扩栏与垫料管理的要求：建议不要逐日扩栏，接种球虫病疫苗后第 7 天，将育雏面积"一步到位"地扩大到免疫接种后第 17 天所需的育雏面积，以利于鸡群获得均匀的重复感染机会；接种球虫病疫苗后的第 8～16 天内不可更换垫料；垫料的湿度以 25%～30%（用手抓起一把垫料时，手心有微潮的感觉）为宜。④做好免疫抑制性疾病的预防和控制工作。许多免疫抑制性疾病如传染性法氏囊病、马立克氏病、霉菌毒素中毒等，会严重影响抗球虫免疫力的建立，加重疫苗反应。应避免这些疾病对疫苗免疫效果的干扰。⑤减少应激因素的影响，免疫接种球虫病疫苗后的第 12～14 天，是疫苗反应较强的阶段，在此期间应尽量避免断喙、注射其他疫苗和迁移鸡群。⑥接种疫苗后 12～14 天，个别鸡可能会出现拉血粪的现象，不需用药。如果出现严重血粪或球虫病死鸡，则用磺胺喹噁啉或磺胺二甲嘧啶，按推荐剂量投药 1～2 天，即可控制。

鸡新城疫、传染性法氏囊病二联活疫苗（La Sota 株＋NF8 株）

【作用与用途】用于预防鸡新城疫和鸡传染性法氏囊病。

【用法与用量】滴鼻、点眼或饮水接种。用于 7 日龄以上的鸡。有母源抗体的雏鸡，可在 10～14 日龄时首次接种，间隔 1～2 周后进行第 2 次接种。

（1）滴鼻、点眼接种　按瓶签注明羽份，用生理盐水适当稀释后，用滴管吸取疫苗，每只鸡点眼或滴鼻接种 1～2 滴（约 0.05 毫升）。

（2）饮水免疫　按瓶签注明羽份，用饮用水适当稀释（如能加入 1%～2% 的脱脂鲜牛奶或 0.1%～0.2% 的脱脂奶粉，免疫效果更佳），每只鸡饮水接种 2 羽份。

【注意事项】①仅用于接种健康鸡群，体质瘦弱、患有疾病的鸡禁止使用；②本品应冷藏运输，气温高于 10℃ 时，必须将疫苗放在装有冰块的冷藏容器内，严禁阳光照射和接触高温；③使用前应仔细检查疫苗，如发现疫苗瓶破裂、没有瓶签或瓶签不清楚、疫苗中混有异物、已过有效期或未在规定条件下保存等情况，不能使用；④稀释后的疫苗应在 2 小时内用完；⑤接种用具需经灭菌处理，接种后的剩余疫苗、疫苗瓶、稀释和接种用具等，应做消毒处理；⑥饮水接种前，应停水适当时间，饮水接种时忌用金属容器，所用的水中应不含有游离氯或其他消毒剂。

鸡病毒性关节炎活疫苗（1133 株）

【作用与用途】用于预防鸡病毒性关节炎。

【用法与用量】颈背部皮下注射。按瓶签注明羽份，用专用稀释液稀释，对 1～10 日龄雏鸡进行免疫，每只 0.2 毫升。8～18 周龄时加强接种。

【不良反应】一般无可见的不良反应。

【注意事项】①本品接种 1 日龄雏鸡后，可能会影响鸡马立克氏病活疫苗的免疫效果；②疫苗稀释后，应于 1 小时内全部用完；③应使用无菌注射器和针头；④疫苗瓶和未用完的疫苗应焚毁；⑤疫苗稀释后，应在 1 小时内用完，避免放在高温处，避免阳光直射；⑥疫苗中含有庆大霉素和两性霉素 B；⑦屠宰前 21 天内禁止使用。

鸡传染性法氏囊病复合冻干活疫苗（2512 株）

【作用与用途】用于预防鸡传染性法氏囊病。

【用法和用量】用鸡马立克氏病活疫苗稀释液或灭菌生理盐水稀释，对 18～19 日龄鸡胚胚内注射 0.05 毫升或对 1 日龄鸡颈背皮下注射 0.2 毫升，每只 1 羽份。

【注意事项】①仅用于接种健康鸡或鸡胚；②稀释后的疫苗，应置于冰浴中；③稀释后的疫苗应在 1 小时内用完；④疫苗中含有庆大霉素；⑤使用后的疫苗瓶和未用完的疫苗应无害化处理；⑥屠宰前 21 天内禁止使用。

鸡新城疫、传染性支气管炎二联灭活疫苗（La Sota 株＋Jin13 株）

【作用与用途】用于预防鸡新城疫、传染性支气管炎。4 周龄内雏鸡免疫期为 2 个月，4 周龄以上的青年鸡为 3 个月，成年鸡为 4 个月。

【用法与用量】颈部皮下或肌内注射。2周龄内雏鸡每只0.2毫升；2～4周龄雏鸡每只0.3毫升；4周龄以上的青年鸡和成年鸡每只0.5毫升。

【注意事项】①本品用于接种健康鸡，体质瘦弱、患有其他疾病者不应使用；②使用前应仔细检查疫苗，如发现破乳、疫苗中混有异物等情况时不能使用；③使用前应先使疫苗恢复到常温并充分摇匀；④疫苗启封后，限当天用完；⑤本品不能冻结；⑥注射针头等用具用前需经消毒，注射部位应涂擦5%碘酒消毒；⑦用过的疫苗瓶、器具和未使用的疫苗等，应进行无害化处理；⑧屠宰前28天内禁止使用。

鸡传染性法氏囊病活疫苗（W2512 G-61株）

【作用与用途】用于预防鸡传染性法氏囊病。

【用法与用量】饮水免疫。10日龄或10日龄以上带有母源抗体的肉鸡，每只1羽份。按以下比例稀释疫苗：每1 000羽份9～10升水，每2 500羽份24升水，每10 000羽份90～100升水。

【注意事项】①仅用于接种健康肉鸡；②不得用于无母源抗体的鸡群；③本品禁止与其他疫苗一起使用；④饮水接种前，应断水至少4小时；⑤疫苗现用现配，稀释后的疫苗应一次全部用完；⑥用过的疫苗瓶、器具和未用完的疫苗等，应进行无害化处理；⑦疫苗中含有庆大霉素；⑧屠宰前21天内禁止使用。

鸡新城疫、禽流感（H9亚型）二联灭活疫苗（La Sota株＋SS株）

【作用与用途】用于预防鸡新城疫和H9亚型禽流感，免疫期为6个月。

【用法与用量】4周龄以内的雏鸡，颈部皮下注射0.25毫升；4周龄以上的鸡，肌内注射0.5毫升。

【不良反应】接种后一般无明显反应，有的在注射后1～2天内可能有减食现象，几天内即可恢复。

【注意事项】①本品不能冻结保存，开瓶后限当天用完；②疫苗使用前应充分摇匀，并使疫苗升至室温，出现明显的水、油分层后不能使用，应废弃，疫苗久置后在表面有少量白油，经振荡混匀后不影响使用；③接种时应做局部消毒处理；④用过的疫苗瓶、器具和未用完的疫苗等，应进行无害化处理；⑤屠宰前 28 天内禁止使用。

鸡传染性法氏囊病病毒火鸡疱疹病毒载体活疫苗
（vHVT-013-69 株）

【作用与用途】用于预防鸡马立克氏病和传染性法氏囊病。

【用法与用量】用于接种 18～19 日龄鸡胚或颈背部皮下接种 1 日龄雏鸡。接种 18～19 日龄鸡胚时，每只鸡胚 0.05 毫升；接种 1 日龄雏鸡时，每只 0.2 毫升。

将疫苗安瓿置 20～30℃水中快速解冻，再用无菌注射器将疫苗注入适量稀释液中稀释。用于鸡胚接种时，每 4 000 羽份疫苗用 200 毫升稀释液稀释；用于雏鸡皮下接种时，每 1 000 羽份疫苗用 200 毫升稀释液稀释。

【注意事项】①仅用于接种健康鸡或鸡胚；②在接种过程中或接种后，避免鸡群应激；③稀释疫苗时，应通过旋转或倒转容器的方法，使疫苗与稀释液充分混匀，切勿剧烈振荡；④疫苗开启后应一次用完，疫苗稀释后应 1 小时内用完；⑤接种器械需通过 121℃高压灭菌至少 15 分钟，或水浴煮沸至少 20 分钟消毒，勿接触化学消毒剂；⑥用过的疫苗瓶、器具和未用完的疫苗等，应进行无害化处理；⑦屠宰前 21 天内禁止使用。

鸡新城疫、传染性支气管炎、禽流感病毒
（H9 亚型）三联灭活疫苗
（La Sota 株＋M41 株＋SS 株）

【作用与用途】用于预防鸡新城疫、传染性支气管炎和 H9 亚型禽流感。免疫接种后 14～21 天产生免疫力。免疫期为 6 个月。

【用法与用量】颈部皮下或肌内注射。4 周龄以内的鸡，每只

0.3毫升；4周龄以上的鸡，每只0.5毫升。

【注意事项】①本品不能冻结保存；②仅对健康鸡群进行免疫接种；③用鸡新城疫活疫苗及鸡传染性支气管炎活疫苗进行基础免疫后，再接种本疫苗，可提高对鸡新城疫及传染性支气管炎的免疫效果；④疫苗使用前应充分摇匀，并使疫苗升至室温；⑤如果疫苗出现明显的水、油分层，不能使用，应废弃，疫苗久置后在表面有少量白油，经振荡混匀后不影响使用；⑥接种后一般无明显不良反应，有的在接种后1～2天内可能有减食现象；⑦用过的疫苗瓶、器具和未用完的疫苗等，应进行无害化处理。

鸡马立克氏病火鸡疱疹病毒活疫苗（FC126株）

【作用与用途】用于预防鸡马立克氏病。

【用法与用量】用于1日龄雏鸡皮下注射，每只0.2毫升。每1 000羽份疫苗，用200毫升无菌稀释液稀释。

【注意事项】①仅用于接种健康鸡；②稀释后的疫苗置冰浴中并经常摇动；③疫苗开瓶后应在1小时内用完；④接种时，应执行常规无菌操作；⑤在接种过程中或接种后，应避免使鸡群处于应激状态；⑥用过的疫苗瓶、器具和未用完的疫苗等，应进行无害化处理；⑦屠宰前21天内禁止使用。

鸡马立克氏病活疫苗（CVI988株）

【作用与用途】用于接种1日龄雏鸡，预防鸡马立克氏病。

【用法与用量】雏鸡颈背部皮下注射。每次从液氮罐中取出1安瓿疫苗，置20～30℃水中，使疫苗快速解冻。用无菌注射器，将解冻的疫苗慢慢注入适量的稀释液中（每1 000羽份疫苗用200毫升无菌稀释液稀释），通过旋转或倒转容器使疫苗液充分混匀，切勿剧烈振荡。每只0.2毫升，针头不可伤及颈部肌肉或骨头。

【注意事项】①应将接种器械于121℃高压灭菌至少15分钟，或置沸水浴中消毒至少20分钟，不要让接种器械接触化学消毒剂；

②本品仅用于接种健康雏鸡；③在接种过程中或接种后，应避免使鸡群处于应激状态；④疫苗开瓶后应一次用完；⑤用过的疫苗瓶、器具和未用完的疫苗等，应进行无害化处理；⑥屠宰前21天内禁止使用。

鸡传染性法氏囊病复合冻干活疫苗（W2512 G-61株）

【作用与用途】用于预防鸡传染性法氏囊病。

【用法与用量】适用于接种18日龄健康鸡胚和1日龄健康鸡。对18日龄鸡胚进行胚内免疫，每胚接种疫苗0.05毫升（含1羽份）；对1日龄雏鸡皮下免疫，每只鸡接种疫苗0.1毫升（含1羽份）。

【注意事项】①仅用于接种健康鸡胚或1日龄健康鸡；②对免疫接种的鸡胚应进行照蛋检查，剔除死亡鸡胚；③接种器具应不存在任何消毒剂残留；④按有关规定，对免疫接种后所有已打开的疫苗瓶进行处理；⑤对疫苗的保存或处理不当，会导致疫苗的效力下降；⑥不得用于18日龄以下鸡胚的免疫接种。

鸡新城疫灭活疫苗（Ulster 2C株）

【作用与用途】用于预防鸡新城疫。

【用法与用量】对接种过鸡新城疫活苗的鸡进行加强接种。胸部肌内或颈背部皮下接种，每只1羽份（0.5毫升）。

推荐免疫日龄为：肉鸡于7～10日龄接种（0.25毫升/只）；种鸡于产蛋前（16～18周龄）接种（0.5毫升）。

【注意事项】①仅用于接种健康鸡；②使用前应将疫苗恢复至室温，并充分摇匀；③接种器具应清洁无菌；④接种时，应避免将疫苗接种到血管中；⑤正确地接种不会导致局部反应，但接种部位有时可见油迹；⑥用过的疫苗瓶、用具和未用完的疫苗等，应进行无害化处理。

鸡新城疫、传染性支气管炎、禽流感（H9亚型）三联灭活疫苗（La Sota株＋M41株＋Re-9株）

【作用与用途】用于预防鸡新城疫、鸡传染性支气管炎和H9

亚型禽流感。免疫期为 6 个月。

【用法与用量】颈部皮下或肌内注射。2～5 周龄的鸡，每只 0.3 毫升；5 周龄以上的鸡，每只 0.5 毫升。

【注意事项】①仅用于接种健康鸡；②使用前需检查，如出现变色、破乳、破漏、混有异物等，均不得使用；③使用前应使疫苗恢复至室温，并充分摇匀；④疫苗开启后，限 24 小时内用完；⑤接种器具应无菌，注射部位应消毒；⑥用过的疫苗瓶、器具和未用完的疫苗等，应进行无害化处理；⑦疫苗运输及保存，切勿冻结或高温；⑧屠宰前 28 天内禁止使用。

鸡马立克氏病Ⅰ型、Ⅲ型二价活疫苗（CVI988 株＋FC-126 株）

【作用与用途】用于预防鸡马立克氏病。

【用法与用量】1 日龄雏鸡皮下注射。按瓶签注明的羽份，每 1 000 羽份疫苗用 200 毫升无菌稀释液稀释。用 22～20 号针头的全自动注射器接种，每只雏鸡 0.2 毫升（含 1 羽份）。

【注意事项】①仅用于接种 1 日龄健康雏鸡；②接种疫苗后，避免雏鸡过早暴露于易感马立克氏病的环境中，使雏鸡能够产生保护性抗体；③将疫苗瓶放入 27℃ 的水浴中快速解冻；④免疫接种时，稀释好的疫苗可置于温度 21～27℃ 环境中，如果温度不能低于 27℃，则将稀释好的疫苗瓶置于冰浴中；⑤保证注射器无菌，接种时需经常更换针头；⑥疫苗于稀释后 2 小时内用完；⑦疫苗中含有庆大霉素；⑧不建议该疫苗与其他生物制品混合使用；⑨用过的疫苗瓶、用具和未用完的疫苗等，应进行无害化处理；⑩对使用者应采取必要的预防措施，包括使用手套，面罩和护目镜，避免处理液氮时可能带来的危害，避免从液氮冰箱、液氮罐或提桶中取出的玻璃瓶，在置于容器内解冻时可能爆裂带来的危害，从提桶中取出疫苗瓶时，戴手套的手掌应远离面部和身体其他部位；⑪屠宰前 21 天内禁止使用。

鸡新城疫、禽流感（H9 亚型）二联灭活疫苗
（La Sota 株 ＋HN106 株）

【作用与用途】用于预防鸡新城疫和 H9 亚型禽流感病毒引起的禽流感。免疫期为 4 个月。

【用法与用量】颈部皮下或肌内注射。1～5 周龄的鸡，每只 0.3 毫升；5 周龄以上的鸡，每只 0.5 毫升。

【注意事项】①仅用于接种健康鸡，体质瘦弱、患有其他疾病者禁止使用；②本品严禁冻结，破乳后切勿使用；③使用前应先使疫苗温度升至室温，并充分摇匀；④疫苗启封后，限当天用完；⑤注射针头等用具，用前需经消毒；⑥用过的疫苗瓶、器具和未用完的疫苗等，应进行无害化处理。

鸡新城疫、传染性支气管炎、禽流感（H9 亚型）、
传染性法氏囊病四联灭活疫苗
（La Sota 株＋M41 株＋SZ 株＋rVP2 蛋白）

【作用与用途】用于预防鸡新城疫、传染性支气管炎、H9 亚型禽流感和传染性法氏囊病。7～14 日龄鸡，免疫期为 4 个月；14 日龄以上鸡，免疫期为 6 个月。

【用法与用量】皮下或肌内注射。7～14 日龄鸡，每只 0.3 毫升；14 日龄以上鸡，每只 0.5 毫升。

【注意事项】①该疫苗免疫前或免疫同时，应使用鸡传染性支气管炎活疫苗做基础免疫；②使用前和使用中应充分摇匀；③使用前应使疫苗恢复至室温；④一经开瓶启用，应尽快用完（限 24 小时之内）；⑤本品严禁冻结，破乳后切勿使用；⑥仅供健康鸡预防接种；⑦接种工作完毕，双手应立即洗净并消毒；⑧用过的疫苗瓶、器具和未用完的疫苗等，应进行无害化处理；⑨屠宰前 28 天内禁止使用。

鸡传染性鼻炎（A 型）灭活疫苗（QL-Apg-3 株）

【作用与用途】用于预防 A 型副鸡嗜血杆菌引起的鸡传染性鼻

炎。4 周龄以上鸡初次免疫，免疫期为 4 个月；初免后 3 个月加强免疫 1 次，免疫期为 18 个月。

【用法与用量】颈背部皮下注射。4 周龄以上的鸡，每只 0.5 毫升；初免后 3 个月加强免疫 1 次，0.5 毫升/只。

【注意事项】①仅用于接种健康鸡；②疫苗启封后，限当天用完；③切忌冻结，使用前将疫苗恢复至室温，并充分摇匀；④注射器具应严格消毒，接种时应做局部消毒处理；⑤用过的疫苗瓶、器具和未用完的疫苗，应进行无害化处理。

鸡新城疫、传染性支气管炎二联耐热保护剂
活疫苗（La Sota 株＋H52 株）

【作用与用途】用于预防鸡新城疫、鸡传染性支气管炎。

【用法与用量】适用于 21 日龄以上的鸡。按瓶签注明羽份，用灭菌生理盐水或适宜的稀释液稀释。滴鼻免疫，每只鸡滴鼻 1 滴（0.03 毫升）；饮水免疫，剂量加倍，饮水量根据日龄大小而定，一般 20～30 日龄每只 10～20 毫升，成鸡每只 20～30 毫升。

【注意事项】①稀释后，应放冷暗处，必须在 4 小时内用完；②饮水免疫，忌用金属容器，饮用前至少停水 4 个小时；③用过的疫苗瓶、器具、未用完的疫苗等，应进行消毒处理。

鸡肠炎沙门氏菌病活疫苗（Sm24/Rif12/Ssq 株）

【作用与用途】用于预防鸡肠炎沙门氏菌感染。

【用法与用量】每次接种 1 羽份/只。饮水：肉鸡——在 1 日龄时接种 1 次；种鸡——在 1 日龄、6～8 周龄和 16～18 周龄时各接种 1 次。

用不含氯离子、金属离子及其他有害物质的新鲜凉水稀释疫苗。通常，对于 1 日龄鸡，1 000 羽份疫苗用 1 升水稀释，最高为 20 升。例如，1 000 只 15 日龄的鸡用 15 升水。在炎热的气候条件下或对于体重大的品种来说，每 1 000 羽份用水量可增加到 30 升。如果有条件，应使用水表准确测定所需水量。可在饮水中添加低脂

肪（<1%）的脱脂奶粉（2～4克/升）或低脂肪的脱脂乳（每1 000升水至少2～4升），混合均匀静置15分钟后加入疫苗，混匀后立即使用。也可在饮水中添加适宜的水质稳定剂，然后混入疫苗使用。

【注意事项】①仅用于接种健康鸡。②每次免疫接种当天和前后3天内，不能使用对沙门氏菌有防治作用的化学药物。③不要与其他疫苗混合使用。④饮水使用时，要保证水线中不残留任何消毒剂、清洁剂。复融疫苗时，应戴上胶皮手套。在水面下开启疫苗瓶，防止形成疫苗气溶胶。处理完疫苗后，应消毒、清洗手部。⑤稀释好的疫苗应在3小时内用完。由于鸡饮水行为有所不同，免疫前有必要停水一定时间，以保证免疫期间所有鸡都能够饮到疫苗水。⑥使用后的疫苗瓶、剩余的疫苗和稀释所用器具，应煮沸、焚烧或用适宜消毒剂浸泡消毒处理。⑦禁止操作人员吸入疫苗。如果已经吸入疫苗，可服用环丙沙星等敏感抗生素。⑧人体接触接种鸡群的粪便后，要注意清洗、消毒接触部位。⑨患有免疫抑制性疾病的人员，不要接触疫苗。屠宰前21天内禁止使用。

鸡滑液支原体活疫苗（MS-H株）

【作用与用途】用于预防敏感鸡群（滑液支原体阴性）因鸡滑液支原体感染导致的慢性呼吸道病（CRD）、气囊炎和滑膜炎。

【用法与用量】用于后备鸡群6～14周龄点眼接种，最小有效接种日龄为4周龄，仅需免疫1次。使用时，将疫苗在5～10升35℃温水中快速融化，解冻过程中轻轻振摇，以使疫苗混合均匀。解冻之后，将疫苗瓶重复倒置几次，以使疫苗内容物重新形成悬液。在疫苗瓶上装上滴头。将鸡头倾向一侧，将疫苗轻轻滴在眼内，等疫苗全部进入眼内后放开鸡。

【注意事项】①仅用于接种健康鸡。②解冻后的疫苗应在2小时内用完，未用完的应废弃。③疫苗解冻后应避光、避热，防止接触消毒剂。④在接种前2周、接种后4周内，不得使用具有抗鸡滑液支原体作用的药物，如四环素、泰妙菌素、泰乐菌素、恩诺沙星、林可霉素、庆大霉素或者大环内酯类抗生素等。⑤免疫前停用抗生素的停药时间，为抗生素的建议停药期。免疫之后切勿使用抗生素，如必须使用，则首先采用对支原体无活性的抗生素如青霉素、羟氨苄青霉素或新霉素等。但切勿在免疫之后 2 周内使用。⑥切勿稀释，解冻的疫苗不需稀释即可使用。⑦疫苗解冻之后，切勿再次冷冻。⑧应对使用过的疫苗瓶、器具和稀释后未用完的疫苗等，进行无害化处理。⑨应首先检查后备鸡群的鸡滑液支原体感染情况。通常采用快速血清凝集试验（RSA）进行，血清样本应在采血后 24 小时内检验。只有没有鸡滑液支原体抗体的鸡群可以进行免疫。对已被感染的鸡群免疫，不会收到任何经济效果。对未感染鸡滑液支原体的鸡群，应在预计感染鸡滑液支原体野毒之前至少 3 周进行免疫。

鸡新城疫、传染性法氏囊病、禽流感（H9 亚型）三联灭活疫苗
（La Sota 株＋BJQ902 株＋WD 株）

【作用与用途】用于预防鸡新城疫、传染性法氏囊病和 H9 亚型禽流感。免疫接种后 14～21 天产生免疫力。免疫期，雏鸡为 2 个月，成鸡为 6 个月。

【用法与用量】颈部皮下或肌内注射。4 周龄以内的鸡，每只 0.3 毫升；4 周龄以上的鸡，每只 0.5 毫升。

【注意事项】①仅对健康鸡群进行免疫接种；②使用前，应先使疫苗恢复至室温，并充分摇匀；③接种前、后的雏鸡，应严格隔离饲养，降低饲养密度，尽量避免粪便污染饮水和饲料；④疫苗开启，限当天用完；⑤接种时，应局部消毒处理；⑥用过的疫苗瓶、器具和未完的疫苗等，应进行无害化处理；⑦屠宰前 21 天内禁止使用。

鸡传染性法氏囊病免疫复合物疫苗（CF 株）

【作用与用途】用于预防鸡传染性法氏囊病。

【用法与用量】用于 18 日龄鸡胚或 1 日龄鸡接种。将疫苗按瓶签注明的羽份，用无菌生理盐水稀释至 10 羽份/毫升。1 日龄鸡经颈部皮下注射，每只 0.1 毫升；18 日龄鸡胚经气室接种，每枚鸡胚 0.1 毫升。

【注意事项】①仅用于接种 18 日龄发育正常的鸡胚或 1 日龄健康鸡；②疫苗稀释后，应在 2 小时内用完；③用过的疫苗瓶、器具和未用完的疫苗等，应进行消毒处理。

鸡新城疫、传染性法氏囊病二联灭活疫苗
（La Sota 株＋DF-1 细胞源，BJQ902 株）

【作用与用途】用于预防鸡新城疫和鸡传染性法氏囊病。免疫接种后 14～21 天产生免疫力。免疫期，雏鸡为 3 个月，成鸡为 6 个月。

【用法与用量】颈部皮下或肌内注射。4 周龄以内的鸡，每只 0.3 毫升；4 周龄以上的鸡，每只 0.5 毫升。

【注意事项】①切忌冻结，冻结过的疫苗严禁使用；②仅用于接种健康鸡；③使用前，应将疫苗恢复至室温，并充分摇匀；④接种前、后的雏鸡应严格隔离饲养，降低饲养密度，尽量避免粪便污染饮水和饲料；⑤疫苗开启后，限当天用完；⑥接种时，应做局部消毒处理；⑦用过的疫苗瓶、器具和未用完的疫苗等，应进行无害化处理；⑧屠宰前 21 天内禁止使用。

鸡新城疫、传染性支气管炎二联耐热保护剂活疫苗
（La Sota 株＋H120 株）

【作用与用途】用于预防鸡新城疫和传染性支气管炎。

【用法与用量】滴鼻或饮水接种。按瓶签注明羽份，用灭菌生理盐水、注射用水或水质良好的冷开水稀释疫苗。滴鼻接种，每只 1 滴(0.05 毫升)。饮水接种，剂量加倍。饮水量根据鸡龄大小而定，5～10 日龄 5～10 毫升，20～30 日龄 10～20 毫升，成鸡20～30 毫升。

【注意事项】①稀释后应放冷暗处，限 4 小时内用完；②饮水

接种时，忌用金属容器，饮用前应停水 2～4 个小时；③用过的疫苗瓶、器具和未用完的疫苗等，应进行无害化处理。

鸡滑液支原体灭活疫苗（YBF-MS1 株）

【作用与用途】用于预防由鸡滑液支原体引起的鸡传染性滑膜炎。接种后 28 天产生免疫力，免疫期为 6 个月。

【用法与用量】颈部皮下注射。21 日龄及以上鸡，每只 0.5 毫升；种鸡加强免疫 1 次，每只 0.5 毫升。

【注意事项】①切忌冻结，冻结过的疫苗禁止使用；②体质瘦弱、患有其他疾病的鸡，禁止使用；③使用前，应仔细检查疫苗，如发现破乳、疫苗中混有异物等情况，禁止使用；④使用前，应将疫苗恢复至室温，并充分摇匀；⑤疫苗开启后，限当天用完；⑥接种时，应做局部消毒处理；⑦用过的疫苗瓶、器具和未用完的疫苗等，应进行无害化处理；⑧屠宰前 21 天内禁止使用。

鸡新城疫病毒（La Sota 株）、传染性支气管炎病毒（M41 株）、禽流感病毒（H9 亚型，HL 株）

【作用与用途】用于预防鸡新城疫、鸡传染性支气管炎和 H9 亚型禽流感。免疫期为 4 个月。

【用法与用量】皮下或肌内注射。2～5 周龄鸡，每只 0.3 毫升；5 周龄以上鸡，每只 0.5 毫升。

【注意事项】①用前和使用中应充分摇匀；②用前应使疫苗温度恢复至室温；③一经开瓶启用，应尽快用完（限当天用完）；④本品严禁冻结，破乳后切勿使用；⑤仅供健康鸡预防接种；⑥接种工作完毕，双手应立即洗净并消毒；⑦疫苗瓶及剩余的疫苗，应无害化处理。

鸡大肠杆菌病蜂胶灭活疫苗

【作用与用途】用于预防由 O78、O111、O2、O5 血清型大肠杆菌引起的鸡大肠杆菌病。免疫期为 4 个月。

【用法与用量】1 月龄以上健康鸡，颈部皮下注射 0.5 毫升。

【注意事项】①运输、贮存、使用过程中，应避免日光照射、高热或冷冻；②使用本品前，应将疫苗温度恢复至室温，使用前和使用中充分摇匀；③使用本苗前，应了解鸡群健康状况，如感染其他疾病或处于潜伏期，会影响疫苗使用效果；④注射器、针头等用具使用前和使用中需进行消毒处理，注射过程中应注意更换针头；⑤本苗在疾病潜伏期和发病期慎用，如需使用，必须在当地兽医指导下正确使用；⑥注射完毕，疫苗包装废弃物应报废烧毁。

鸡毒支原体、传染性鼻炎（A、C型）二联灭活疫苗

【作用与用途】用于预防鸡传染性鼻炎和鸡毒支原体引起的慢性呼吸道疾病。

【用法与用量】颈部皮下注射或肌内注射。10～20日雏鸡，每只0.3毫升；种母鸡于开产前接种，每只0.5毫升；12月龄以上的肉鸡、种鸡，强化免疫每只1.0毫升。

【注意事项】①健康状况异常的鸡切忌使用；②注射器具应灭菌，接种时应及时更换针头，最好1只鸡1个针头；③本品不能冻结和加热；④使用前，应将疫苗恢复到常温并充分摇匀；⑤如出现破损、异物或破乳分层等异常现象，切勿使用；⑥疫苗启封后，限当天用完；⑦屠宰前28天内禁止使用。

鸡马立克氏病活疫苗（CVI 988/Rispens株）

【作用与用途】用于预防鸡马立克氏病。

【用法与用量】1日龄雏鸡肌内或皮下注射。将液氮中保存的疫苗取出，在27℃水浴中融化后，立即转移到稀释液中，充分混匀后，每只鸡接种1羽份（0.2毫升）。

【注意事项】①疫苗应在液氮中保存和运输，不到使用时，不要从液氮中取出；②稀释后的疫苗液应避免阳光直射，并于2小时内用完；③接种过程中，应不时振摇疫苗液；④接种过程中，应执行常规无菌操作；⑤从液氮中取出疫苗瓶并融化时应戴眼罩，接种过程中，应避免接触人的眼睛；⑥使用过的疫苗瓶和稀释后未用完的疫苗等，应进行无害化处理。

鸡传染性法氏囊病、马立克氏病二联冻结活疫苗
（S-706 株＋HVT FC-126 株）

【作用与用途】用于预防鸡传染性法氏囊病和鸡马立克氏病。

【用法与用量】适用于接种 18～19 日龄鸡胚或皮下接种 1 日龄雏鸡。将疫苗安瓿置 20～30℃水浴中快速解冻，再用无菌注射器将疫苗注入适量稀释液中稀释。

（1）1 日龄雏鸡　颈背部皮下注射。每 1 000 羽份疫苗用 200 毫升稀释液稀释，每只鸡接种 0.2 毫升。

（2）18～19 日龄鸡胚　每 4 000 羽份疫苗用 200 毫升稀释液稀释，每只鸡胚 0.05 毫升。

【注意事项】①仅用于接种健康鸡或鸡胚；②稀释和接种时，应执行常规无菌操作；③应用清洁、不含防腐剂或消毒剂的器械稀释和接种疫苗；④稀释疫苗时，应通过旋转或倒转容器的方法，使疫苗与稀释液充分混匀，切勿剧烈振荡；使用过程中应注意摇匀疫苗液；稀释后的疫苗应放在冰浴中，并在 1 小时内用完；⑤用过的疫苗瓶及剩余的疫苗，应焚毁；⑥疫苗中含有青霉素、硫酸链霉素、两性霉素 B；⑦屠宰前 21 天内禁止使用。

第五节　肉鸡养殖过程中禁止或停止 使用的兽药及其化合物

一、禁止使用兽药及化合物清单

为进一步规范养殖用药行为，保障动物源性食品安全，农业农

村部修订了食品动物中禁止使用的药品及其他化合物清单（农业农村部公告第 250 号），见表 7.2。

表 7.2　食品动物中禁止使用的药品及其他化合物清单

序号	药品及其他化合物名称
1	酒石酸锑钾（Antimony potassium tartrate）
2	β-兴奋剂（β-agonists）类及其盐、酯
3	汞制剂：氯化亚汞（甘汞）（Calomel）、醋酸汞（Mercurous acetate）、硝酸亚汞（Mercurous nitrate）、吡啶基醋酸汞（Pyridyl mercurous acetate）
4	毒杀芬（氯化烯）（Camahechlor）
5	卡巴氧（Carbadox）及其盐、酯
6	呋喃丹（克百威）（Carbofuran）
7	氯霉素（Chloramphenicol）及其盐、酯
8	杀虫脒（克死螨）（Chlordimeform）
9	氨苯砜（Dapsone）
10	硝基呋喃类：呋喃西林（Furacilinum）、呋喃妥因（Furadantin）、呋喃它酮（Furaltadone）、呋喃唑酮（Furazolidone）、呋喃苯烯酸钠（Nifurstyrenate sodium）
11	林丹（Lindane）
12	孔雀石绿（Malachite green）
13	类固醇激素：醋酸美仑孕酮（Melengestrol Acetate）、甲基睾丸酮（Methyltestosterone）、群勃龙（去甲雄三烯醇酮）（Trenbolone）、玉米赤霉醇（Zeranal）
14	安眠酮（Methaqualone）
15	硝呋烯腙（Nitrovin）
16	五氯酚酸钠（Pentachlorophenol sodium）
17	硝基咪唑类：洛硝达唑（Ronidazole）、替硝唑（Tinidazole）
18	硝基酚钠（Sodium nitrophenolate）
19	己二烯雌酚（Dienoestrol）、己烯雌酚（Diethylstilbestrol）、己烷雌酚（Hexoestrol）及其盐、酯
20	锥虫砷胺（Tryparsamile）
21	万古霉素（Vancomycin）及其盐、酯

二、农业农村部停止或禁止食品动物使用的兽药

农业农村部停止或禁止食品动物使用的兽药见表7.3。

表7.3 农业农村部停止或禁止食品动物使用的兽药

公告号	停止或禁止使用的兽药
农业部公告第2292号	洛美沙星、培氟沙星、氧氟沙星和诺氟沙星4种原料药的各种盐、酯及其各种制剂
农业部公告第2428号	停止硫酸黏菌素用于动物促生长
农业部公告第2583号	禁止使用非泼罗尼用于食品动物
农业部公告第3638号	停止喹乙醇、氨苯砷酸和洛克沙肿3种兽药原料及各种制剂
农业农村部公告第194号	退出除中药外的所有促生长类药物饲料添加剂品种
农业农村部公告第250号	食品动物中禁止使用的药品及其他化合物清单

三、农业农村部禁止在饲料和动物饮水中使用的物质

农业农村部禁止在饲料和动物饮水中使用的物质见表7.4。

表7.4 农业农村部禁止在饲料和动物饮水中使用的物质

公告号	禁止在饲料和动物饮水中使用的物质
农业部公告第1519号	苯乙醇胺A、班布特罗、盐酸齐帕特罗、盐酸氯丙那林、马布特罗、西布特罗、酒石酸阿福特罗、富马酸莫特罗、盐酸可乐定、盐酸赛庚啶

（续）

公告号	禁止在饲料和动物饮水中使用的物质
农业部公告 第176号	（1）肾上腺素受体激动剂　盐酸克仑特罗、沙丁胺醇、硫酸沙丁胺醇、莱克多巴胺、盐酸多巴胺、西巴特罗、硫酸特布他林 （2）性激素　己烯雌酚、雌二醇、戊酸雌二醇、苯甲酸雌二醇、氯烯雌醚、炔诺醇、炔诺醚、醋酸氯地孕酮、左炔诺孕酮、炔诺酮、绒毛膜促性腺激素（绒促性素）、促卵泡生长激素（尿促性素主要含卵泡刺激FSHT和黄体生成素LH） （3）蛋白同化激素　碘化酪蛋白、苯丙酸诺龙及苯丙酸诺龙注射液 （4）精神药品　（盐酸）氯丙嗪、盐酸异丙嗪、安定（地西泮）、苯巴比妥、苯巴比妥钠、巴比妥、异戊巴比妥、异戊巴比妥钠、利血平、艾司唑仑、甲丙氨酯、咪达唑仑、硝西泮、奥沙西泮、匹莫林、三唑仑、唑吡旦、其他国家管制的精神药品 （5）各种抗生素滤渣　抗生素滤渣：该类物质是抗生素类产品生产过程中产生的工业三废，因含有微量抗生素成分，在饲料和饲养过程中使用后对动物有一定的促生长作用，但对养殖业的危害很大，一是容易引起耐药性，二是由于未做安全性试验，存在各种安全隐患

参考文献

陈合强，2011. 鸡舍空气质量的控制 [J]. 家禽科学，12：24-25.

廖明，2021. 禽病学 [M]. 3 版. 北京：中国农业出版社.

林巧，2017. 鸡舍有害气体对鸡影响及防控进展 [J]. 中国畜禽种业，11：143-144.

Martine Boulianne et al，2019. 禽病手册 [M]. 7 版. 匡宇，孙洪磊，张涛，主译. 北京：中国农业大学出版社.

孙浩政，2020. 鸡舍除尘间应用效果研究 [D]. 保定：河北农业大学.

Y. M. Saif，2012. 禽病学 [M]. 12 版. 苏敬良，高福，索勋，主译. 北京：中国农业大学出版社.

杨礼，杜龙环，陈佳磊，等，2019. 冬季全环控鸡舍细菌气溶胶分布规律研究 [J]. 中国家禽，41（22）：41-45.

延伸阅读